DEUX CONFÉRENCES

DE

GÉOLOGIE ALPINE

PIERRE TERMIER

Membre de l'Institut, Professeur à l'École des Mines de Paris.

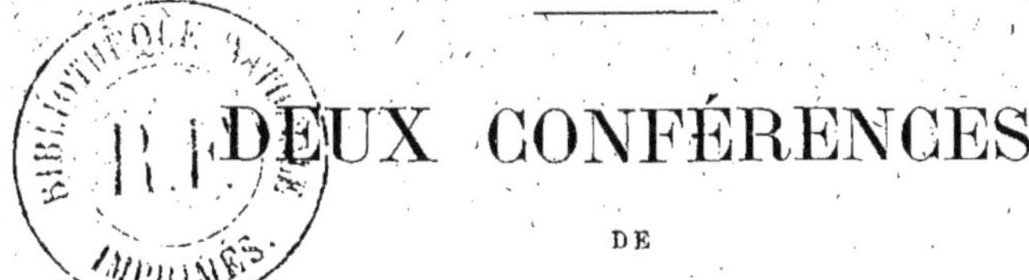

DEUX CONFÉRENCES

DE

GÉOLOGIE ALPINE

LES SCHISTES CRISTALLINS
DES ALPES OCCIDENTALES

Conférence faite à Vienne, le 22 août 1903, devant le 9e Congrès géologique international.

LA SYNTHÈSE GÉOLOGIQUE DES ALPES

*Conférence faite à Liège,
le 26 janvier 1906, aux Élèves des Écoles spéciales.*

PARIS

LIBRAIRIE POLYTECHNIQUE, CH. BÉRANGER, ÉDITEUR

SUCCESSEUR DE BAUDRY ET Cⁱᵒ

PARIS, 15, RUE DES SAINTS-PÈRES, 15,

LIÉGE, 21, RUE DE LA RÉGENCE

1910

AVANT-PROPOS

Je me décide — encore qu'elles soient vieilles déjà de plusieurs années — à faire réimprimer ces deux Conférences, parce que les sujets que j'y ai traités n'ont pas cessé de retenir l'attention des géologues et de demeurer « actuels », et parce que, sur cette double question, je n'ai presque rien à changer à mon langage de 1903 ou de 1906. Oui, en vérité, c'est, à très peu de chose près, de la même façon et dans les mêmes termes que je parlerais aujourd'hui, si l'on me demandait d'exposer publiquement mon opinion sur les terrains cristallins des Alpes occidentales et sur la structure d'ensemble de la chaîne alpine.

Peut-être, cependant, ajouterais-je quelques mots à ma conférence de Vienne, en ce qui concerne les Schistes cristallins. Ce serait d'abord pour dire que la *troisième série cristallophyllienne* des Alpes occidentales, celle des *schistes lustrés* et des *pietre verdi*, se prolonge dans les Alpes orientales, et très loin vers l'est, avec les mêmes caractères ; qu'elle forme le fond des deux immenses *fenêtres* de la Basse-Engadine et des Hohe Tauern ; et qu'il n'y a aucune différence entre les *Kalkglimmerschiefer* des géologues autrichiens et nos *schistes lustrés*. Ce serait aussi pour m'expliquer à nouveau sur le *dynamométamorphisme* et dissiper une équivoque. En tant que cause capable « de *transformer* « complètement une roche, de muer cette roche en une « autre roche tout aussi définie que la première et vraiment « différente, et d'opérer cette transformation sur un vaste

« espace, le dynamométamorphisme n'existe pas ». Ce n'est pas à cette hypothèse qu'il faut demander l'explication de la genèse des séries cristallophylliennes. En fait, la théorie du dynamométamorphisme, ainsi comprise, ne semble pas avoir survécu au Congrès géologique international de Vienne. Mais, contrairement au vœu que j'exprimais alors, le mot est resté, avec une signification un peu différente. Plusieurs géologues, et non des moindres, et même, parmi eux, quelques pétrographes, l'emploient pour désigner les divers genres de *déformation* que les actions dynamiques font subir aux roches. Cette déformation dynamique par écrasement et laminage est souvent accompagnée d'une semi-recristallisation. Par exemple, le laminage d'une roche feldspathique lui donne parfois l'apparence d'un phyllade à mica blanc; et, d'autres fois, quand elle était porphyroïde, elle en fait un *gneiss œillé*. Si l'on tient absolument à appeler cela du nom de dynamométamorphisme, je n'ai rien à objecter. Je maintiens seulement mon affirmation sur l'impuissance radicale de ces phénomènes d'origine dynamique à produire de véritables séries cristallophylliennes. Voici près de cinq années que j'étudie, un peu partout, les roches écrasées et laminées. Sauf des cas absolument exceptionnels et limités à des aires très réduites, elles gardent toujours la marque, aisément reconnaissable, de l'écrasement et du laminage; elles demeurent inhomogènes, chaotiques et bréchiformes; elles ne présentent qu'une recristallisation partielle; et aucun pétrographe exercé ne pourrait les confondre avec de vrais gneiss ou d'authentiques micaschistes.

En ce qui concerne la synthèse des Alpes, dont je parle depuis le commencement de l'année 1904, je ne pourrais, si je refaisais ma conférence de Liège, que donner à cette conférence une allure encore plus triomphale. Qu'ils sont peu nombreux aujourd'hui, les géologues, voués à l'étude des Alpes, qui doutent réellement de l'existence des nappes suisses, ou même de l'existence des nappes autrichiennes !

Je sais bien que les études de détail ne sont pas finies ; que, çà et là, l'on n'est pas d'accord sur le nombre, ou le numérotage, ou la nomenclature, ou l'exact *enracinement* des nappes empilées ; que nous sommes encore sans grands renseignements tectoniques sur la partie de la *Zentralzone* qui est à l'est des Hohe Tauern ; que personne encore, malgré mes objurgations, ne s'est proposé comme sujet d'étude l'exacte connaissance du *bord alpino-dinarique*, alors que rien, dans toute la chaîne, n'est plus intéressant à bien connaître ; que certains raillent encore mon enthousiasme incorrigible, et, fermant volontairement les yeux, se plaignent de l'obscurité et du chaos et se croient toujours en plein brouillard. Est-ce une raison pour dire que la synthèse n'est pas faite ? N'est-elle pas faite, la synthèse du système solaire ? et cependant, nous ne savons presque rien sur les planètes les plus voisines de la nôtre ; et le nombre même de ces sœurs de la Terre n'est pas exactement connu.

Ce qui est vrai, c'est que la *théorie des grandes nappes* est devenue absolument classique. « Il n'est maintenant question, « dans les instituts géologiques des universités allemandes « et autrichiennes — écrivais-je récemment —, que de « Deckenlehre (théorie des nappes) et de *Deckenland* (pays « de nappes). On y parle couramment de l'*Engadinfenster* « (ma *fenêtre de la Basse-Engadine*), cette étonnante déchi-« rure elliptique, longue de 55 kilomètres, large de 18 « kilomètres au maximum, qui crève un système de nappes « empilées ployé en dôme, dont le fond est formé de *schistes* « *lustrés*, et dans les parois de laquelle on voit affleurer « deux nappes, au moins, formées l'une et l'autre de gneiss « et de Trias. Et, parmi les jeunes géologues allemands ou « autrichiens qui travaillent aujourd'hui dans les Alpes, « c'est à qui comptera le plus de nappes empilées et signa-« lera les *étirements* et les *suppressions* les plus extraordi-« naires. »

Une confirmation éclatante de la théorie est venue, récemment, de l'étude de la répartition, dans les différentes nappes, des faciès stratigraphiques. Personne n'a poussé cette étude aussi loin que mon ami Émile Haug; personne n'a su en tirer d'aussi importantes déductions, d'aussi magistrales conclusions. Une véritable *synthèse stratigraphique* des Alpes sort des quatre Notes que le savant professeur de l'Université de Paris a présentées, ce dernier printemps, à l'Académie des Sciences : et cette synthèse stratigraphique, par où nous retrouvons, dans l'ordre de succession des *racines* du nord au sud, l'ordre même de l'empilement des nappes de bas en haut, corrobore merveilleusement la synthèse tectonique et la parachève.

Et si, malgré tout cela, quelqu'un doutait encore, je le renverrais au second fascicule — qui vient de paraître — du troisième volume de *Das Antlitz der Erde*. N'appartient-il pas à l'auteur de *Die Entstehung der Alpen* de dire, sur la structure d'ensemble du pays alpin, le dernier mot ? Or, partout, dans les trois chapitres du livre où il traite des Alpes, Éduard Suess parle de *nos* nappes, de celles qu'à pressenties Marcel Bertrand, qu'a entrevues Hans Schardt, que Maurice Lugeon a magnifiquement déroulées sur la Suisse, que nous avons, mes amis de France et moi, signalées depuis longtemps chez nous, ou découvertes, de 1903 à 1905, dans la moitié orientale de la chaîne. Seulement, par un scrupule touchant, mais que, pour mon compte, je trouve excessif, Suess se défend de faire la synthèse alpine : comme si ce vaste esprit pouvait penser sans synthétiser, et comme si la synthèse ne jaillissait pas de ses lignes.

Je dirais donc, comme à Liège en 1906, mais avec plus d'assurance encore : « Dans le ciel, désormais serein, les « Alpes montent, claires et lumineuses. Et maintenant ce « n'est plus vers les Alpes, c'est vers leur prolongement « occidental, vers les Pyrénées, vers l'Espagne, que se « tournent les yeux des tectoniciens. »

Paris, École des Mines, 23 décembre 1909.

LES SCHISTES CRISTALLINS

DES

ALPES OCCIDENTALES

Conférence faite à Vienne, le 22 août 1903, devant le IXe Congrès géologique international.

LES SCHISTES CRISTALLINS

DES

ALPES OCCIDENTALES

Voici la troisième fois, Messieurs, que, dans un Congrès international de Géologie, il est question des schistes cristallins des Alpes occidentales. La première fois, c'était à Londres, en 1888 : Charles Lory avait préparé, pour cette session, un Mémoire d'une vingtaine de pages, où l'on trouve résumées toutes ses idées, non seulement sur les micaschistes et les gneiss, mais aussi sur les Schistes lustrés, et même sur la structure des Alpes franco-italiennes; et, ce qui donne à ce Mémoire une importance particulière, c'est qu'il est la dernière œuvre, la dernière leçon, et comme le testament scientifique de ce maître, mort peu de mois après. La deuxième fois, c'était en 1894, à Zürich : et vous vous rappelez l'admirable conférence, dans laquelle, tout en vous parlant de la structure des Alpes françaises, Marcel Bertrand vous fit connaître les gneiss permo-houillers, vous montra les rapports de ces gneiss avec les Schistes lustrés, et vous exposa enfin, avec la largeur de vue et l'éloquence familière qui sont les caractéristiques de son talent, sa doctrine de la récurrence de certains faciès sédimentaires. En relisant, aux comptes rendus des deux Congrès, la conférence de Marcel Bertrand après le Mémoire de Charles Lory, vous vous étonnerez des progrès réalisés, en moins de six années, dans la connaissance des Alpes occidentales. Il n'est que juste de dire qu'une bonne partie de ces progrès était due à deux de nos collègues d'Italie, MM. Zaccagna et Mattirolo. La publication du beau livre de M. Zaccagna, *Sulla geologia delle Alpi occidentali*, date de 1888; et c'est ce livre qui nous a, Marcel Bertrand et moi, inspirés et guidés dans le début de nos recherches.

Depuis 1894, nous n'avons fait, en France, que fortifier nos convictions à l'endroit des terrains métamorphiques des Alpes, et, ce qui a le plus contribué à les fortifier, ce sont les découvertes faites, en Piémont, par nos jeunes collègues du Corps royal des Mines d'Italie, MM. Franchi, Novarese et Stella. Ces découvertes réalisent toutes les prévisions de Marcel Bertrand et toutes les miennes ; et nous n'eussions jamais osé espérer, pour nos déductions, qui nous semblaient à nous-mêmes presque téméraires, une confirmation aussi rapide, aussi éclatante, aussi décisive.

Vous savez tous aujourd'hui qu'il y a, dans les Alpes occidentales, *trois séries cristallophylliennes*, trois complexes métamorphiques, d'âges fort différents. Dans chacune de ces séries, dans chacun de ces complexes, il y a des micaschistes, et des gneiss, et des amphibolites ; et je ne crois pas que le métamorphisme soit beaucoup moins intense dans l'une des séries que dans les autres. Dire cela, c'est dire que nulle part au monde l'étude du problème des terrains cristallophylliens ne peut être poussée aussi loin que dans les Alpes occidentales ; c'est dire encore que, tant qu'il y aura des Congrès géologiques, et qui continueront de scruter ce difficile problème, on parlera, dans ces Congrès, des terrains métamorphiques de nos Alpes.

La première série cristallophyllienne, la plus ancienne des trois, est antérieure au Houiller, et l'on ne sait rien de plus sur son âge. C'est le terrain cristallin de la *première zone alpine*, de Charles Lory, et ce savant lui donnait volontiers le nom de *terrain primitif*. Il comprend les micaschistes et les gneiss de la chaîne de Belledonne, des Grandes-Rousses, du Mercantour, du Pelvoux, du Mont-Blanc, des Alpes bernoises.

La deuxième série est formée par le Houiller et le Permien, devenus, graduellement, métamorphiques. Vers l'Ouest, ces terrains métamorphiques passent latéralement à des grès à anthracite, ou à des sédiments permiens du type ordinaire. Vers l'Est, de plus en plus épais, et de plus en plus cristallins, ils supportent le Trias et les Schistes lustrés. Ce sont les micaschistes et les gneiss de la Vanoise, du Mont-Pourri, du Ruitor, du Val-Grisanche ; les *Casanna Schiefer*, de Gerlach ; les micaschistes et les gneiss du Petit-Mont-Cenis, du Grand-Paradis, du Mont-Rose, du Tessin, d'Antigorio, de la partie basse des vallées piémontaises.

La troisième série, enfin, ce sont les Schistes lustrés, avec leur cortège de *roches vertes* et d'assises cristallines diverses. Nous savons aujourd'hui, par M. Franchi, que cette série est postérieure au Trias supérieur. C'est donc une série mésozoïque, comme l'avaient indiqué déjà, mais sans preuves paléontologiques, Charles Lory et Marcel Bertrand. Comme ce complexe métamorphique a une épaisseur formidable, la partie haute peut être relativement jeune. J'incline à croire, pour ma part, que cette partie haute est d'âge éocène, et je vois dans les Schistes lustrés une *série compréhensive* mésozoïque et néozoïque : je veux dire une série sédimentaire continue, allant du Trias supérieur à l'Éocène.

La difficulté de distinguer ces trois séries cristallophylliennes explique les longues et multiples variations des géologues italiens et français, et l'histoire, vraiment troublée, de la géologie des Alpes occidentales. Charles Lory, qui a très bien vu l'âge mésozoïque des Schistes lustrés, s'est refusé à admettre le métamorphisme du Permien et du Houiller. M. Zaccagna, qui a montré, non seulement l'existence, mais encore la grande extension du Permien métamorphique dans les Alpes franco-italiennes, a cru devoir vieillir les Schistes lustrés, et, du Trias où ils étaient, les a remis dans le Prépaléozoïque ; et presque tous, en France, de 1888 à 1893, nous avons cru que, sur cette question capitale, c'était Lory qui se trompait, et M. Zaccagna qui avait raison. Mais il est bien remarquable qu'un homme se soit rencontré, l'ingénieur des mines Lachat, mort récemment à Chambéry, qui, dès 1861, a signalé la présence, dans la région de Modane, d'un terrain houiller métamorphique, et qui, en 1889, après la publication du Mémoire de M. Zaccagna, a continué de croire à l'âge mésozoïque des Schistes lustrés. Lachat a eu, trente ans avant nous, l'intuition des trois séries cristallophylliennes. Il n'a pu, naturellement, les connaître comme nous les connaissons aujourd'hui, et il n'a pas tout prévu ; mais il est, de tous les géologues qui se sont consacrés à l'étude des terrains cristallins des Alpes occidentales, celui qui s'est le moins trompé. Son nom devait être cité dans cette conférence. C'est le nom d'un des bons ouvriers de la première heure.

Je voudrais, Messieurs, que, dans les quelques instants qui me sont accordés, vous voulussiez bien regarder avec moi les traits géologiques et lithologiques importants, les traits vraiment caractéristiques des trois séries cristallophylliennes. De ce rapide coup d'œil nous pourrons tirer quelques conclusions d'ordre général, qui ne laisseront pas de jeter un peu de lumière sur le problème des schistes cristallins.

Dans la première série, la série antéhouillère, ce qui domine de beaucoup, ce sont les micaschistes à mica blanc et les chloritoschistes. Dans ces derniers, la chlorite est toujours secondaire, et elle épigénise, le plus souvent, la biotite. Après les micaschistes et les chloritoschistes, dans l'ordre d'importance, viennent les *gneiss ordinaires*, je veux dire ceux qui sont formés de quartz, de mica (blanc ou noir), et de feldspaths riches en alcalis. Il y a aussi des amphibolites et des pyroxénites, et des *gneiss basiques*, faits d'amphibole, ou de pyroxène, et de feldspaths calciques ; mais, somme toute, ces roches amphiboliques ou pyroxéniques, bien que fréquentes, n'ont qu'une masse relativement faible, et elles ne forment peut-être pas le vingtième de la masse totale du terrain cristallophyllien. La rareté des cipolins est frappante. D'immenses régions en sont totalement dépourvues ; et, là où ils apparaissent, c'est sous la forme de minces lentilles. Par tous ces caractères, le vieux terrain cristallophyllien des Alpes occidentales se rapproche beaucoup de celui du Plateau central français.

Parmi les termes exceptionnels de cette première série cristallophyllienne, je citerai les *poudingues* et les *schistes carburés*. Je crois bien que la première mention des poudingues incorporés au terrain cristallin ancien des Alpes est due à M. Golliez ; et cette mention est relative au substratum cristallin de la Dent-de-Morcles. J'ai décrit des poudingues semblables dans les Grandes-Rousses, et il y en a d'autres dans le massif du Pelvoux. Ces poudingues sont formés de galets empruntés à une plus ancienne série métamorphique ; et donc, la série que je décris en ce moment, et que j'appelle la première, n'est pas *réellement* la première. Il y en a eu une autre, avant elle, qui n'affleure plus nulle part aujourd'hui, et de laquelle on ne peut rien dire, sinon qu'elle était, elle aussi, composée de micaschistes et de gneiss, et qu'elle renfermait des roches granitiques. Quant aux *schistes carburés*, ils sont fréquents dans la chaîne de Belledonne, et l'on en trouve aussi, mêlés aux micaschistes et aux gneiss du Pelvoux. Ils sont formés de quartz, d'ilménite, de rutile, d'un peu de mica blanc, et renferment jusqu'à 2 pour 100 de charbon. A l'œil nu, ils ressemblent beaucoup aux schistes carburés, fréquemment graptolitifères, du Silurien des Pyrénées ; mais je n'ai pu y rencontrer, jusqu'à ce jour, la moindre trace d'organisme.

Je rappelle enfin qu'il y a, intercalés dans la première série cristallophyllienne, de nombreux amas de roches massives, parfois immenses : tels sont les amas granitiques, bien connus, du Pelvoux, de Beaufort, du Mont-Blanc, de Valorcine, du massif de l'Aar. D'autres amas, plus petits, sont formés de syénite, de gabbro ou de péridotite. Sur les bords des amas granitiques, les strates cristallines encaissantes sont traversées, et parfois injectées, par des apophyses ou des veinules d'aplite ou de microgranite, et cette injection les a fréquemment rendues feldspathiques, quand elles ne l'étaient pas antérieurement. Mais, bien souvent, ce métamorphisme exomorphe est nul, ou à peine sensible, et, dans tous les cas, la roche massive n'a subi, près du contact, aucun endomorphisme. Tout indique que les strates étaient déjà cristallines, et même, quelquefois, déjà gneissifiées, avant la *mise en place* de la roche granitique. Celle-ci apparaît comme le dernier effet, et non pas comme la cause, du métamorphisme régional.

Quant aux amas de gabbro et de péridotite, ils semblent liés aux amphibolites, aux pyroxénites et aux *gneiss basiques*. Partout où on les trouve, les gneiss basiques abondent : et, là où les gneiss basiques abondent, ou même simplement les amphibolites, on trouve toujours quelque lentille de gabbro ou de péridotite, plus ou moins métasomatosée.

La série permo-houillère a des traits un peu différents suivant qu'on la considère sur son bord occidental, je veux dire près de la zone où elle passe latéralement à des sédiments ordinaires, ou loin de ce bord. Dans cette zone de passage, on voit le métamorphisme grandir, quand on marche de l'Ouest vers l'Est. Bientôt le caractère détritique disparaît ; les strates sont devenues toutes et totalement cristallines ; on ne peut donc plus dire que le métamorphisme, quand on continue de marcher vers l'Est, continue d'augmenter. Mais c'est la feldspathisation qui augmente, et, graduellement, les gneiss prennent la prépondérance. C'est cette transformation des assises, de l'Ouest à l'Est, qui a trompé la plupart des observateurs. Ils ne pouvaient croire, ni que les micaschistes de la Vanoise, si cristallins, prolongeassent les poudingues permiens du massif de Polset; ni que les gneiss porphyroïdes du Grand-Paradis, d'un type si spécial, fussent la continuation, par-dessous le synclinal de Schistes lustrés du Val-Savaranche, des gneiss fins et des micaschistes du Val-Grisanche et de l'Invergnan.

Dans la Vanoise, et dans le massif du Petit-Mont-Cenis, ce qui domine, ce sont des micaschistes faiblement feldspathiques, à mica blanc, chlorite, tourmaline et rutile. Il y a aussi des quartzites micacés, et, assez fréquemment, des glaucophanites à albite et sphène. La plupart des assises sont riches en sodium et très pauvres en calcium.

Dans le Val-Grisanche, les micaschistes, à mica blanc, mica noir et chlorite, alternent avec des gneiss finement zonés, qui se débitent en minces plaquettes. C'est dans ce complexe que l'on a trouvé quelques veines d'anthracite, témoins des couches de combustible que renfermait l'ancien terrain sédimentaire. Les glaucophanites ont disparu. Au col d'Entrelor, le *faciès Grand-Paradis* fait son apparition, par une intercalation de gneiss à grands cristaux d'orthose, au milieu des micaschistes du type Val-Grisanche.

Dans les massifs de la Levanna et du Grand-Paradis, les gneiss à grands cristaux d'orthose prédominent sur tous les autres terrains. Ils alternent cependant avec des micaschistes à mica blanc et à mica noir, et avec des gneiss fins. Quand on descend dans la série, c'est-à-dire quand on marche vers l'Est, il semble que les gneiss porphyroïdes deviennent de plus en plus homogènes, de plus en plus semblables à du granite. Nul doute que le granite n'existe, à une profondeur relativement faible, sous les gneiss les plus profonds du Grand-Paradis.

Au Sud de la Doire-Ripaire, les types dominants sont des micaschistes à mica blanc, des gneiss micacés fins et des *gneiss graphitiques*. De même que dans la Vanoise, dans le Val-Grisanche et dans le Grand-Paradis, les cipolins font complètement défaut.

Vers le Nord, les *Casanna Schiefer* prolongent, avec les mêmes caractères, les gneiss et micaschistes du Val-Grisanche. Et quant aux terrains cristallins des Alpes Pennines, du Cervin, du Mont-Rose, du Simplon, du Tessin, ils offrent un mélange des types du Grand-Paradis et des types de la Vanoise.

Un fait important à retenir, c'est l'absence de roches massives dans les gneiss et micaschistes permo-houillers de la région française. Dans les énormes montagnes cristallines de la Vanoise, de l'Aiguille-du-Midi, du Mont-Pourri, il n'y a ni un amas, ni un filon de roche massive. Il n'y en a pas davantage, en Italie, dans les terrains cristallins du Petit-Mont-Cenis, d'Ambin, de la Levanna, du Grand-Paradis. En d'autres points de la région italienne, des diorites et des syénites s'intercalent dans les séries : c'est le cas des environs d'Ivrée, de la vallée du Chisone, de la partie Nord du Val-Savaranche. Mais la masse de ces roches est peu importante, si on la compare à la masse immense des strates cristallines du voisinage ; et leur présence ne semble liée, ni à une intensité particulière, ni à une forme spéciale du métamorphisme régional.

J'arrive à la troisième série cristallophyllienne, celle dont l'âge est mésozoïque pour la plus grande partie des assises, néozoïque, peut-être, pour la partie haute. C'est la série des *schistes lustrés* et des *pietre verdi*.

On n'a pas assez insisté sur la cristallinité des Schistes lustrés. Dans sa conférence de 1894, Marcel Bertrand semble dire que ce sont des produits d'un métamorphisme incomplet. Cela peut être exact pour quelques termes de la série, mais qui sont des termes exceptionnels.

Le terme habituel et normal de la troisième série cristallophyllienne est un calcschiste très cristallin, formé de zones alternées, généralement très minces, de calcite, de quartz, et d'un feutrage de petites aiguilles de mica blanc englobant beaucoup d'ilménite et de rutile.

Nous sommes si peu habitués à voir des calcschistes dans une série cristallophyllienne qu'une pareille roche nous paraît, au premier abord, beaucoup moins métamorphique qu'un micaschiste ordinaire. Il suffit de l'examiner au microscope pour voir qu'il n'en est rien, et que la différence entre un micaschiste et un schiste lustré tient à une diversité originelle de composition et non pas à une différence dans l'intensité du métamorphisme. Et la preuve, c'est que l'on rencontre, sur beaucoup de points, intercalés dans les Schistes lustrés, des bancs de micaschistes et de chloritoschistes, et que ces roches ne diffèrent en rien des roches similaires des deux autres séries cristallophylliennes.

Ce qui est vrai, c'est que quelques assises calcaires, peu nombreuses, et probablement sur une faible partie de leur surface, ont échappé à la *recristallisation* totale, et ont ainsi gardé, plus ou moins complètement, leur ancien aspect de sédiment. C'est dans de semblables assises que nos collègues italiens ont découvert quelques fossiles, et c'est ce qui leur a permis de fixer, d'une façon définitive, l'âge de la formation.

Après la prédominance des calcschistes, le trait le plus caractéristique de la série cristallophyllienne mésozoïque est l'abondance des *roches vertes*. Les unes ont gardé leur structure : et ce sont des gabbros, des péridotites, ou des variétés ophitiques ou microlitiques de ces roches. D'autres sont entièrement métasomatosées ; mais elles *passent* aux premières et conservent, d'ailleurs, une apparence massive et une quasi-homogénéité chimique : ce sont des serpentines, des variolites, des ovardites, des prasinites, et quelques amphibolites ou glaucophanites spéciales. Le laminage les rend souvent méconnaissables à l'œil nu. Nulle part, jusqu'à ce jour, on n'a vu des filons de ces roches couper nettement les calcschistes encaissants. Les amas sont parfois immenses, comme au Mont-Viso ; et il y a aussi des amas lenticulaires de très petites dimensions.

On a souvent confondu, avec ces roches vertes d'origine évidemment intrusive, des strates cristallines, de couleur verte ou noire, qui font corps avec la série cristallophyllienne, et qui sont, au même titre que les calcschistes, des sédiments transformés. Ce sont, ou des amphibolites chloritisées, ou des micaschistes à biotite chloritisés, ou des pyroxénites, ou des amphibolites zonées (à hornblende, actinote ou glaucophane), plus ou moins chargées d'épidote.

Enfin l'on rencontre, mais rarement, avec les micaschistes, les chloritoschistes et les amphibolites, des quartzites, des cornéennes *et des gneiss*. Ceux-ci peuvent être localement porphyroïdes : et alors ils ne diffèrent presque en rien des gneiss porphyroïdes de la deuxième série cristallophyllienne. Ils sont, le plus souvent, très micacés, et se débitent en minces plaquettes. Leurs feldspaths sont toujours alcalins.

Les intercalations de micaschistes et de chloritoschistes, souvent très puissantes et très étendues, ne semblent pas nécessairement liées au voisinage d'un amas de roche verte. Mais les amphibolites, les pyroxénites, les cornéennes et les gneiss n'existent, à ma connaissance, que là où l'on trouve des amas de gabbro ou de péridotite ; et alors, il y a toujours, alternant avec ces strates cristallines, des strates de micaschistes et de chloritoschistes. Par contre, on peut voir des amas de roche intrusive qui confinent aux calcschistes, et qui ne sont associés, ni à des chloritoschistes, ni à des cornéennes, ni à des amphibolites.

Ces diverses roches cristallines, intrusives ou non, s'observent à diverses hauteurs dans la formation des Schistes lustrés ; elles ne sont pas confinées dans un étage particulier.

La troisième série cristallophyllienne repose, le long de son bord occidental, sur le Trias moyen et inférieur, qui repose lui-même sur le Permo-Houiller. La concordance est absolue entre les trois formations. Dans le Briançonnais, le Queyras et l'Ubaye, les calcaires du Trias, qui supportent ainsi des calcschistes fort cristallins, ne sont pas métamorphiques. Mais, plus au Nord, dans la région de Modane et dans la Vanoise, le Trias devient peu à peu cristallin : les calcaires se chargent d'albite, les quartzites deviennent micacés, les schistes prennent des cristaux de tourmaline et de chloritoïde. Ce métamorphisme du Trias augmente encore dans la haute Maurienne. A partir de Bonneval, ce sont des marbres véritables, avec cristaux de feldspath et feuillets de mica blanc, qui remplacent les calcaires et les cargneules du Trias briançonnais. Pour reconnaître le Trias dans les marbres de Val-Savaranche, il faut vraiment l'avoir suivi, pas à pas, depuis Modane ; et c'est bien parce que ce terrain est devenu, en Italie, presque méconnaissable, que Gastaldi et, à sa suite, M. Zaccagna, ne l'ont pas reconnu et l'ont rangé dans le Prépaléozoïque. Plus à l'Est encore, il semble qu'il y ait passage entre les gneiss permohouillers et les calcschistes. Le métamorphisme a effacé toutes les limites ; et les deux séries cristallophylliennes n'en font plus qu'une.

Ainsi, le Trias, qui est placé entre la série cristallophyllienne permo-houillère et la série cristallophyllienne mésozoïque, le Trias n'a pas échappé au métamorphisme. Il y a seulement résisté avec plus d'énergie que le Houiller et le Permien sous-jacents, et que les schistes calcaires qui le surmontaient. Dans tous les étages de cette zone alpine, depuis le Houiller jusqu'à l'Éocène, tous concordants d'ailleurs, le métamorphisme augmente quand on marche vers l'Est; mais le métamorphisme ne commence pas partout simultanément, et, dans les divers étages, il marche inégalement vite. C'est dans le Permien, et dans les schistes calcaires de la série mésozoïque, qu'il commence le plus tôt et qu'il marche le plus rapidement. Le Houiller résiste un peu plus; et c'est ainsi que l'on a exploité, à Laisonnay, au Nord de la Vanoise, de l'anthracite, sous les micaschistes permiens. Le Trias résiste plus encore que le Houiller, et on le voit, dans la Maurienne et dans la Tarentaise, garder son faciès briançonnais entre les gneiss permiens et des calcschistes à séricite; mais bientôt il cède à son tour. J'ai parlé de la difficulté de le reconnaître, ce Trias, dans les vallées italiennes. Qui donc le reconnaîtrait dans les Alpes Pennines, à Zermatt par exemple, s'il ne renfermait parfois des amas de gypse? Le gypse, lui, n'a pas été transformé; mais les grès inférieurs sont devenus des quartzites et des micaschistes à mica blanc, et les calcaires magnésiens sont devenus des dolomies saccharoïdes, riches en minéraux variés.

Je n'ai pas besoin d'insister sur l'importance capitale de ce métamorphisme du Trias. Là où le Trias est transformé d'une façon intégrale, il n'y a plus de séparation entre la deuxième série cristallophyllienne et la troisième, puisque toutes les strates sont en concordance. Il existe donc, entre les deux dernières séries cristallophylliennes et la première, cette différence profonde, que celle-ci, la première, est certainement et incontestablement indépendante des deux autres, et qu'elle existait avant la chaîne des Alpes, dans le même état de métamorphisme où nous la voyons aujourd'hui; au lieu que la série permo-houillère et la série mésozoïque ont la même histoire, qui est l'histoire même de la chaîne des Alpes, et semblent devoir leur métamorphisme à une seule et même succession de phénomènes.

Tels sont les faits, Messieurs. Voyons maintenant à en dégager quelques enseignements.

Tout d'abord, s'il restait quelqu'un parmi vous qui eût encore des doutes sur l'origine sédimentaire des micaschistes et des gneiss, ou qui crût encore à l'ancienneté nécessaire des terrains métamorphiques, voici de quoi le convaincre. Même pour la série antéhouillère, l'origine sédimentaire n'est pas douteuse ; et quant à l'âge des gneiss et des micaschistes, il varie suivant les régions de la terre, et voici une région privilégiée, où, dans l'espace de quelques jours, on peut voir des gneiss et des micaschistes de plusieurs âges différents.

En second lieu, l'étude des Alpes occidentales montre avec évidence que le *métamorphisme régional*, je veux dire la cristallisation générale, sur un immense espace, de toute une série sédimentaire, ne peut pas s'expliquer par les actions dynamiques, par le *dynamométamorphisme*.

J'ai été, Messieurs, séduit, au début de ma carrière de lithologiste, par le prestige de ce mot de *dynamométamorphisme ;* j'ai voulu, comme tant d'autres, expliquer, par les actions dynamiques, le développemeut des cristaux dans les sédiments. Mais je suis revenu de cette dangereuse erreur ; et le dynamométamorphisme n'a pas maintenant d'adversaire plus acharné que moi.

Les actions dynamiques *déforment ;* elles ne *transforment* point. Elles sont parfois capables de dénaturer l'aspect d'une roche, au point que, à l'œil nu, elle devienne méconnaissable. Mais l'examen microscopique permet toujours à un lithologiste exercé de reconnaître, dans la roche écrasée et laminée, des débris de la roche primitive. J'ai fait l'expérience cent fois, pour les roches de la région la plus troublée, la plus laminée et la plus écrasée des Alpes françaises : et j'ai constaté, naturellement, que certaines de ces roches sont broyées, et que, dans les plans de friction, aux dépens des cristaux écrasés, du quartz et du mica blanc ont pris naissance. Mais l'aspect, au microscope, reste toujours celui d'une roche écrasée ; et il y a toujours, çà et là, des débris intacts qui permettent de reconstituer l'ancien état de choses. Et même, la plupart du temps, quel qu'ait été le laminage, l'aspect extérieur des roches est à peine modifié, et il n'y a pas de métamorphisme appréciable. Le Houiller du Briançonnais, réduit en lames de quelques mètres d'épaisseur, et charrié par-dessus les terrains éogènes, n'est pas du tout métamorphique ; la plupart des calcaires, dans ce pays d'écailles superposées, ont gardé, inaltérés, tous leurs caractères ; et, même dans les blocs de quartzites triasiques ou de grès permiens que l'on voit s'égrener le long des plans de charriage, il n'y a presque pas de minéraux secondaires.

D'autre part, il y a de vastes régions des Alpes qui semblent avoir joui d'une tranquillité relative, et n'avoir, en tout cas, subi ni plissement intense, ni écrasement, ni laminage. Telle est la partie méridionale de la chaîne de Belledonne ; tel, encore, le massif du Grand-Paradis. Et cependant, le métamorphisme des terrains cristallophylliens y est aussi intense qu'ailleurs.

Enfin, et cette raison-là est décisive, les deux dernières séries cristallophylliennes étaient déjà cristallophylliennes, elles avaient subi tout leur métamorphisme, avant l'ère des grands plissements et des grands charriages. Il existe, en effet, dans le Flysch du Briançonnais — lequel correspond à la base de l'Oligocène ou au sommet de l'Éocène — des assises de conglomérats, dont les galets sont de micaschistes, de cornéennes, de roches vertes, ou de gneiss ; et ces roches cristallines proviennent, *indubitablement*, non pas de la première série cristallophyllienne, mais bien de la troisième. Ce sont des roches cristallines de la formation des Schistes lustrés. Le métamorphisme des Schistes lustrés est donc antérieur au morcellement du géosynclinal alpin, morcellement précurseur des grands mouvements orogéniques. A cette époque et dans cette région des Alpes, tous les étages, à partir du Houiller, étaient encore à peu près horizontaux, sauf peut-être sur quelques points. Il ne pouvait donc y avoir eu, dans ces étages, de dynamométamorphisme. Et cependant, le métamorphisme régional était, non seulement commencé, mais achevé. Après cela le plissement est venu. Certains conglomérats éogènes à galets cristallins ont été charriés vers l'Ouest, pêle-mêle avec les micaschistes et les roches vertes qui leur avaient fourni la matière de leurs galets. On peut alors comparer, dans la même écaille, les galets restés intacts et les micaschistes laminés : et l'on constate que le laminage n'a rien ajouté aux gneiss, ni aux micaschistes.

Voilà, je le répète une preuve décisive. Et comme la découverte de cet argument capital est le résultat des études de M. Kilian, tout autant, sinon plus, que le fruit de mes propres études, je m'en voudrais de ne pas citer ici le nom de cet infatigable travailleur. Aussi bien, on ne pourra jamais ne pas parler de lui, quand on traitera, de quelque façon que ce soit, des Alpes occidentales.

Ainsi donc, Messieurs, le métamorphisme régional n'est pas du dynamométamorphisme. Je sais qu'en faisant campagne contre le dynamométamorphisme, je combats à côté de M. Wein-schenk ; et je sais aussi que beaucoup d'autres lithologistes s'en-rôleront volontiers dans notre croisade. Il est donc permis d'espérer que le dynamométamorphisme ne survivra pas au neu-vième Congrès géologique. Alors même que notre réunion d'aujourd'hui n'aurait pas d'autre effet que le déracinement défi-nitif de cette erreur, il faudrait applaudir à l'initiative de ceux qui ont inscrit, en tête de l'ordre du jour du Congrès, la question des schistes cristallins. Mais je ne me contenterais pas du déracinement de l'erreur, je voudrais aussi que l'on abolît le mot. Il faut réserver le nom de *métamorphisme* aux causes capables de *trans-former* complètement une roche, capables de muer cette roche en une autre roche, tout aussi définie que la première et vraiment différente, et d'opérer cette transformation sur un vaste espace. Le métamorphisme granitique est vraiment un métamorphisme. La plupart des roches massives exercent autour d'elles un véri-table métamorphisme. Le *métamorphismo régional* est le plus énergique et le plus intense de tous les métamorphismes. Mais le dynamométamorphisme n'existe pas.

Bien que le métamorphisme régional ne soit pas dû aux actions dynamiques, il n'en n'est pas moins lié aux phénomènes qui ont préparé les chaînes de montagnes ; et c'est là le troisième ensei-gnement que nous pouvons tirer de l'étude des schistes cristallins des Alpes occidentales. Quelle que soit la cause du métamorphisme régional, cette cause semble n'agir qu'au sein des géosynclinaux où s'élaborent les chaînes ; elle semble ne transformer que les matériaux qui sont dans une condition géosynclinale ; elle ne réalise la plénitude de ses effets que dans la région centrale de la grande fosse de sédimentation ; et elle ne produit, sur les bords de cette fosse, qu'un métamorphisme inégal, lequel choisit entre les assises, transformant les unes et épargnant les autres. *Chaque chaîne a ses gneiss*, nous disait, en 1894, Marcel Bertrand. Je répète après lui : chaque chaîne a sa série cristallophyllienne. Et quelle est donc la série cristallophyllienne des Alpes? C'est Messieurs, l'ensemble métamorphique formé par le Permo-Houiller, le Trias, et les Schistes lustrés. A la vérité cet ensemble est discontinu en France, et, sur quelques points, en Italie, à cause de la présence de couches triasiques, qui, je ne sais pour quelles raisons, sont restées réfractaires au métamorphisme. Mais je vous ai dit que, quand on marche vers l'Est, on voit les couches triasiques en question céder peu à peu à la cause métamorphosante, jusqu'à ce qu'enfin, dans la partie basse des vallées piémontaises, il n'y ait plus qu'une seule série cristalline, parfaitement continue. Et c'est là, en effet, que devait être la région centrale du géosynclinal alpin, puisque, comme vous le savez, toute la moitié orientale des Alpes franco-italiennes nous manque. L'ensemble des deux séries, permo-houillère et mésozoïque, voilà la *série cristallophyllienne alpine*.

Quant à la série antéhouillère, elle existait avant les Alpes, et elle en est indépendante. C'est un témoin d'une ancienne chaîne, repris par le plissement alpin. Ses gneiss, ses micaschistes et ses granites existaient, et affleuraient, avant l'époque du Houiller supérieur. Quel est leur âge? Sont-ils dévoniens, comme l'indiquait, en 1894, Marcel Bertrand? Ne sont-ils pas plutôt contemporains du Culm, de la même façon que les plus jeunes des micaschistes alpins semblent être éocènes? L'avenir nous l'apprendra. Ce qu'il faut retenir, pour le moment, c'est que les chaînes successives empiètent les unes sur les autres. Les plis extérieurs de la chaîne alpine se sont propagés jusqu'à l'intérieur du géosynclinal précédent, et ont ramené à la surface des terrains métamorphiques qui s'étaient formés dans la région centrale, ou dans la région méridionale, de cette ancienne fosse. Un jour viendra, peut-être, où la moitié orientale des Alpes franco-italiennes, cette moitié qui nous manque parce qu'elle est effondrée, reparaîtra dans les plis *extérieurs* d'une nouvelle chaîne. Les gneiss et micaschistes alpins, qui seront alors ramenés près de la surface, joueront, vis-à-vis de cette nouvelle chaîne, le même rôle que jouent, dans les Alpes, les terrains cristallins de Belledonne, du Pelvoux et du Mont-Blanc.

Un quatrième enseignement me paraît découler de notre étude,
c'est que le métamorphisme régional, quelle qu'en soit la cause,
a agi de la même façon dans toutes les chaînes et à tous les âges.
Il n'y a pas, en effet, dans les Alpes, de différence lithologique
essentielle entre les terrains cristallins permo-houillers et les
terrains cristallins de la série antéhouillère. Et c'est pour cela
qu'il nous a fallu, à Marcel Bertrand et à moi, tant d'années et
tant d'efforts pour convaincre les lithologistes de l'âge permien ou
houiller des premiers. J'ai, comme les autres, cherché des diffé-
rences. J'ai voulu reconnaître, au microscope, un gneiss jeune
d'un vieux gneiss. Et, comme les autres, je n'ai rien trouvé, que
des caractères accessoires et empiriques, comme ceux qui, dans
une même série cristallophyllienne, font distinguer les roches de
deux localités différentes. La structure est la même. Je veux dire
que tous les types de structure réalisés par l'une des séries se
retrouvent dans l'autre. Et je mets au défi le pétrographe le plus
habile de distinguer un micaschiste de la Vanoise, ou un gneiss du
Val-Grisanche, d'avec des roches similaires provenant du Plateau
central français ou de la chaîne de Belledonne. Il y a, il est vrai,
le glaucophane, qui est fréquent dans la Vanoise, et qui manque,
jusqu'ici, dans les terrains antéhouillers des Alpes. Mais cette
différence ne sera pour personne une différence *essentielle*; et
l'on sait d'ailleurs que le glaucophane se trouve dans d'autres
terrains, par exemple à l'île de Groix, qui appartiennent à de
très vieilles séries cristallophylliennes.

De même pour les Schistes lustrés. On les distingue aisément
parce que ce sont des calcschistes, et qu'il n'y a pas de calcschistes dans les autres séries. Mais, là où, dans les Schistes lustrés,
on trouve des micaschistes, des gneiss et des amphibolites,
ces roches ne diffèrent point, ou ne diffèrent que par des caractères accessoires, des roches similaires des autres séries.

Lorsque la cause du métamorphisme régional a trouvé devant
elle des sédiments de nature différente, elle a, naturellement, fait,
avec ces matériaux divers, des roches différentes: mais elle-même
n'a pas varié; elle a agi de la même façon dans les Alpes et dans
la chaîne précédente; elle est la même dans toutes les régions de
la planète, et dans tous les temps.

Il y a un cinquième enseignement que l'on peut tirer de la con-

sidération des terrains cristallins des Alpes occidentales : c'est
que le métamorphisme régional n'a point pour cause l'intrusion
et la mise en place des roches massives. Ce point a une importance capitale, et je serais très heureux, Messieurs, si, après m'a-
voir écouté, vous en jugiez de la même façon que moi.

Tout d'abord, il faut bien s'entendre. Je sais, comme tout le
monde, que les roches massives peuvent exercer, autour d'elles,
sur des sédiments qui ne sont pas encore métamorphiques, un
métamorphisme intense. J'ai dans l'esprit les beaux travaux de
MM. Michel Lévy, Barrois et Lacroix, sur cette matière, et j'ad-
mets qu'un sédiment argileux, au voisinage du granite, par exemple, peut devenir un micaschiste, ou même un gneiss. Cela n'est
plus en discussion.

Ce que je prétends, c'est que le métamorphisme régional est
autre chose que ce métamorphisme, toujours local et limité, qui
tient au voisinage d'une roche massive.

Dans les montagnes du Pelvoux, par exemple, la mise en place
du granite n'a souvent presque rien ajouté au métamorphisme des
strates encaissantes lesquelles étaient déjà cristallines avant cette
mise en place. Les gneiss, qui étaient gneiss avant l'arrivée du
granite, sont restés complètement indifférents. Les micaschistes,
qui étaient déjà des micaschistes, sont demeurés à cet état, ou
n'ont été transformés en gneiss que localement, et sur une faible
épaisseur. La venue du granite n'a été qu'un épisode du métamorphisme régional, et cet épisode semble avoir été le dernier de
tous.

Dans la série permo-houillère, j'ai dit que l'on pouvait tra-
verser des milliers de mètres d'assises cristallines, dont beaucoup
sont feldspathiques, sans rencontrer un seul amas, ni même un
seul filon, de roche massive. Les amas que l'on connaît, en Italie,
dans les gneiss permo-houillers, ne semblent pas avoir exercé
autour d'eux d'action bien sensible. Là encore, la mise en place
des amas n'a été qu'un épisode accessoire, dans le grand phénomène de cristallisation.

Quant aux Schistes lustrés, ils paraissent, bien souvent, indifférents aux roches vertes qui s'y sont introduites : et il y a d'immenses régions, où, dépourvus de toute intrusion de roches vertes,
ils ont la même cristallinité qu'ailleurs.

Par contre, on peut observer entre certaines **particularités**, je dirais volontiers certains renforcements, du métamorphisme régional, et les amas de roches massives, des relations de voisinage, qui ne sont évidemment pas l'effet du hasard. Dans la série antéhouillère, les *gneiss basiques* et les amphibolites forment auréole aux amas de gabbros ou, tout au moins, sont, autour de ces amas, plus fréquents et plus développés qu'ailleurs. Et, de même, dans les Schistes lustrés, c'est, sinon autour, du moins au voisinage des intrusions de gabbros ou de péridotites que l'on trouve, le plus communément, les amphibolites, les pyroxénites, les chloritoschistes et les gneiss.

En résumé, la montée des roches massives n'a pas fait le métamorphisme régional ; elle n'en a été qu'un épisode. La cristallinité générale des assises et la mise en place des amas semblent liées entre elles, non pas comme un effet à sa cause, mais comme deux effets de la même cause. S'il y a des gneiss dans le Mont-Blanc, et des micaschistes, ce n'est point *parce que* le granite est venu s'installer au milieu de ces strates : mais le granite est venu se former au milieu de ces strates sous l'empire de la même cause qui, de ces strates sédimentaires, faisait des assises cristallines. On comprend ainsi — ce qui, sans cela, serait incompréhensible — que les amas de roches massives des Alpes, tantôt semblent avoir agi, et tantôt semblent être restés sans action, sur les couches encaissantes. Ils sont restés inertes, toutes les fois que les terrains encaissants étaient déjà saturés des fluides que ces amas pouvaient émettre. Ils ont ajouté quelque chose au métamorphisme ambiant, toutes les fois que les terrains encaissants n'avaient pas atteint la saturation.

Enfin, Messieurs, je tirerai un sixième enseignement de cette revue rapide des schistes cristallins de nos Alpes. C'est que la cause, quelle qu'elle soit, du métamorphisme régional, s'est étendue, dans le sens horizontal, à des distances de l'axe du géosynclinal qui sont très variables suivant les étages. Dans les divers terrains, tous concordants et encore sensiblement horizontaux, qui étaient soumis à son action, le métamorphisme régional a fait *tache d'huile* : mais la tache d'huile s'est étalée très différemment aux divers niveaux. Je crains bien que ce fait ne soit, de tous, un des plus difficiles à expliquer. Mais c'est un fait. Des assises houillères, dans les Alpes, sont restées intactes ou presque intactes, tandis que les assises permiennes, au-dessus d'elles, devenaient des micaschistes; et des calcaires du Trias demeuraient inaltérés, tandis que les couches qui leur servaient de mur, et celles qui leur servaient de toit, se transformaient d'une façon complète. Ne regrettons pas trop cette énigme, car c'est elle qui nous a permis d'établir l'âge permien des gneiss de la Vanoise et l'âge mésozoïque des Schistes lustrés.

Et maintenant, Messieurs, je pourrais conclure en essayant d'édifier une hypothèse qui rendît compte de tous ces faits, une hypothèse sur la cause du métamorphisme régional. J'ai fait cet essai, déjà, et je me suis heurté à tant de mystère, que je préfère ne pas vous redire ce que j'ai dit ailleurs et qui est vague comme un rêve. Il est évident, puisque la condition géosynclinale semble nécessaire, que l'enfouissement des assises à une grande profondeur est l'un des éléments du métamorphisme régional. Mais il faut autre chose : il faut un apport, puisque aucun terrain sédimentaire ne contient, ni autant d'alcalis, ni autant de magnésie, qu'un terrain cristallophyllien. Cet apport, je le demande à des *colonnes filtrantes* venues d'en bas, et qui montent, comme d'une chaudière, du fond de la région centrale du géosynclinal.

L'étude des schistes cristallins des Alpes ne résout pas le problème, tant s'en faut ; mais du moins elle le pose avec une précision singulière. Si nous mesurons du regard le chemin parcouru depuis quinze ans — depuis le Congrès de Londres — dans la connaissance des terrains métamorphiques ; si nous songeons qu'aujourd'hui nous en sommes venus, en présence d'un massif de gneiss, ou en présence d'un granite que l'on aurait jadis appelé *fondamental*, à nous demander l'âge de ce gneiss et de ce granite, et à essayer de rattacher ces roches à un géosynclinal connu, à une chaîne de montagnes déterminée : nous pouvons avoir confiance dans l'avenir. Nos successeurs sauront sans doute ce que nous ne savons pas encore, et ce que, peut-être, nous ne saurons pas nous-mêmes : comment s'est formé le gneiss, et comment le granite. A chaque jour suffit sa peine.

SYNTHÈSE GÉOLOGIQUE

DES ALPES

Conférence faite à Liège, le 26 janvier 1906,
aux Élèves des Écoles spéciales.

SYNTHÈSE GÉOLOGIQUE
DES ALPES

Messieurs,

Mes premiers mots seront pour remercier les organisateurs de cette réunion de l'honneur qu'ils m'ont fait en m'appelant à prendre la parole au milieu de vous. Liège est une ville si vivante, si largement ouverte à tout progrès scientifique, si hospitalière aux idées et aux individus, si pleine de sympathie pour tout ce qui vient de France, et, particulièrement, pour tout ce qui vient de Paris, que la perspective d'exposer devant vous les doctrines que nous défendons là-bas, sur les bords de la Seine, m'eût apparu — à supposer que j'y eusse songé — comme infiniment séduisante ; et que je n'ai pas hésité un seul instant à accepter votre proposition. En même temps qu'un honneur pour moi, et dont je sens vivement tout le prix, cette proposition était un hommage rendu au grand établissement scientifique où je suis fier d'enseigner, et aux qualités qui caractérisent, aujourd'hui comme par le passé, l'école géologique française : la clarté, la précision, la hardiesse. De cet hommage aussi, je vous suis profondément reconnaissant. Si j'ai, ce soir, la bonne fortune de vous intéresser un peu et de vous apprendre quelque chose, veuillez bien, Messieurs, en reporter le mérite à l'atmosphère intellectuelle que je respire depuis vingt-cinq ans, et aux deux maîtres qui m'ont successivement appris, l'un à aimer la géologie générale, l'autre à pénétrer la tectonique alpine. Ces maîtres sont connus dans le monde entier, et c'est à peine si j'ai besoin de vous rappeler leurs noms : le premier est Albert de Lapparent ; le deuxième, Marcel Bertrand.

On m'a laissé le choix du sujet de cette conférence, et j'ai, dans ce choix, hésité pendant assez longtemps. Je voulais d'abord vous parler de questions qui, entres toutes, me sont chères : la question du granite, et celle des micaschistes et des gneiss. Et j'aurais pris plaisir à vous dire, là-dessus, ce que nous savons — combien c'est peu de chose, hélas ! —, et à vous montrer, de loin, l'immense chemin qui nous reste à parcourir. Puis, j'ai songé que la Belgique est un pays de montagnes — oh ! de montagnes très usées, et soigneusement enfouies sous un manteau de sédiments plus jeunes —, mais de vraies montagnes, tout de même, et que vos savants ont bien su découvrir, exhumer et décrire ; j'ai réfléchi que c'est ici, je veux dire en Belgique, et dans le bassin houiller franco-belge, que les premiers recouvrements authentiques ont été exactement observés et interprétés, et qu'a été énoncée la première théorie d'une chaîne de montagnes formée par resserrement d'un géosynclinal, et par exagération du plissement jusqu'au renversement des plis et jusqu'à leur *charriage* ; je me suis rappelé enfin que si, en 1884, avec une intuition qui tient véritablement du génie, Marcel Bertrand a pu émettre l'idée de l'extension aux Alpes entières de la structure en plis couchés et en masses de recouvrement, il a pris cette idée dans la longue contemplation des coupes du bassin houiller francobelge, telles que vos géologues, Messieurs, et avec eux l'un des nôtres, les avaient fait connaître. A cette époque, qui n'est pas encore bien lointaine, les Alpes étaient un chaos, et l'on n'osait presque pas parler d'elles aux étudiants en géologie : tandis que la chaîne houillère de la Belgique et du nord de la France était assez bien expliquée, et partout à peu près comprise. Aujourd'hui les rôles sont intervertis et les choses sont rétablies dans leur ordre normal : les Alpes, plus jeunes, plus complètes, plus dégagées, sont en pleine clarté ; le brouillard qui les a si longtemps cachées s'est dissipé presque entièrement ; les phénomènes les plus complexes s'y lisent aisément, et, de jour en jour, nous paraissent plus simples. Par contraste, la chaîne houillère semble être rentrée, maintenant, dans une sorte de pénombre. C'est des Alpes, désormais, que viendra la lumière ; c'est par les Alpes que nous apprendrons à pénétrer les derniers secrets des vieilles chaînes. Et vous voyez ainsi, Messieurs, qu'il était tout naturel de venir parler, à Liège, de la synthèse géologique des Alpes.

Que faut-il entendre par ces mots « synthèse géologique »? Est-ce à dire que nous sachions exactement comment les Alpes se sont faites, et qu'il n'y ait plus, dans leur histoire, aucun mystère ? Assurément non, et nous sommes encore bien loin de cette perfection de la connaissance. Notre synthèse, celle que j'ai proposée dans le printemps de 1904, n'est qu'une synthèse relative. C'est la constatation de la permanence, tout le long de la chaîne, d'un seul et même plan de structure ; c'est encore la constatation de la permanence, tout le long de la chaîne, de certains traits de la stratigraphie. L'histoire géologique varie, dans ses détails, suivant les régions de la chaîne ; mais on voit, bien longtemps avant les derniers phénomènes orogéniques, des caractères constants s'établir et s'affirmer dans toute une bande longitudinale, parallèle aux Alpes futures : et ce sont comme des précurseurs et des *annonciateurs* d'une identique orogénie. Et quant à l'histoire orogénique, elle est, en effet, la même partout, ou à peu près la même. Il n'y a pas une tectonique spéciale aux Alpes françaises, une autre aux Alpes suisses, une autre aux Alpes orientales : c'est une seule et même théorie tectonique qui doit expliquer la structure de tout le pays alpin. Le sectionnement des Alpes par des coupures transversales a fait son temps : il ne correspond à rien de réel : encore quelques années, et il nous paraîtra barbare. Si l'on définit la chaîne par la continuité des phénomènes tectoniques, les Alpes ne vont pas seulement, comme le disent les géographes, de Nice à Vienne : elles embrassent aussi les Carpathes ; et, de l'autre côté, la Corse et la Sierra-Nevada, et encore la Provence, les Pyrénées et la Cordillère cantabrique, de sorte que l'on peut dire, dans un certain sens, que la péninsule ibérique tout entière, Pyrénées comprises, est un élément du système alpin.

Je ne vous raconterai pas, Messieurs, comment se sont développées, corrigées, et peu à peu précisées, nos connaissances sur la géologie des Alpes. Ce serait la matière de plusieurs conférences ; et, si je résumais trop brièvement cette histoire, je craindrais de ne pas faire, à chacun des chercheurs qu'il y faudrait nommer, la part exacte qui lui est due. Mais je ne puis cependant pas ne pas vous rappeler quelques dates, qui marquent, ou bien une accélération dans la marche en avant de la connaissance, ou bien une découverte de premier ordre, mais qui est venue avant son heure et qui n'a pas été comprise. En 1861, c'est Lachat, qui, devant la Société géologique de France réunie à Modane, a l'audace d'attribuer à du terrain houiller métamorphique les micaschistes et les gneiss de la Haute-Maurienne. Personne ne veut le croire ; et néanmoins l'idée fera son chemin. En 1873, c'est Charles Lory qui place dans le Trias supérieur, sous les noms de *schistes calcaréo-talqueux* et de *schistes lustrés*, les calcschistes micacés de la Savoie et du Piémont. Cette manière de voir sera plus tard vivement combattue, et même complètement abandonnée ; et nous savons aujourd'hui qu'elle est exacte, dans ce sens que les *schistes lustrés* en question sont, ou triasiques, ou plus récents que le Trias. En 1875, c'est l'apparition, à Vienne, de l'opuscule d'Eduard Suess, *Die Entstehung der Alpen :* et, du coup, le champ d'étude s'agrandit : l'unité de la chaîne alpine, le rôle prépondérant des efforts tangentiels, le refoulement du pays plissé contre le bord inébranlable de l'avant-pays, se découvrent à tous les yeux. En 1877, c'est M. Albert Heim qui décrit, dans son *Mechanismus der Gebirgsbildung*, les plissements compliqués des Alpes suisses. En 1883, c'est, à Prague, la publication du premier volume de l'*Antlitz der Erde* ; et je n'ai pas besoin de vous dire, Messieurs, à quelle profondeur cet événement a bouleversé la géologie. Demain, avant que les doctrines que je vous exposerai tout à l'heure soient sorties de votre mémoire, veuillez relire, dans l'*Antlitz der Erde*, les pages magistrales qu'Eduard Suess a consacrées à l'histoire des Alpes : et vous verrez que ces pages contiennent par avance toute notre synthèse, et que, seule, l'ampleur des phénomènes a dépassé les prévisions du maître viennois. En 1884, c'est Marcel Bertrand qui a l'idée de comparer, aux coupes du terrain houiller francobelge, les coupes, données par M. Heim, des Alpes de Glaris. De cette comparaison, il conclut que le pli classique des Alpes de Glaris est simple, et non pas double ; qu'un refoulement venu du sud fournit, dans les Alpes comme dans la chaîne houillère, l'explication de tous les phénomènes ; et il termine par une véritable prophétie sur la découverte future, dans les Alpes suisses et dans les Alpes orientales, de *lambeaux de recouvre-*

ment de plus en plus nombreux. En 1887, c'est le, même savant qui décrit la structure de la Provence entre Toulon et Marseille, et qui montre que cette région, jusque-là réputée tranquille et simple, est formée de plis, *couchés jusqu'à l'horizontale* et transportés par glissement, ou, comme on dira désormais, *charriés*, les uns sur les autres. De 1891 à 1900, ce sont, en France, de très nombreux travaux dus à toute une pléiade de jeunes géologues, et aboutissant à une connaissance complète de la structure des Alpes occidentales. Dans cette pléiade, je saluerai, comme ayant joué le principal rôle, et contribué plus que tout autre au progrès de la Science, mon excellent ami M. Wilfrid Kilian. En 1893, c'est M. Hans Schardt qui, reprenant l'idée de Marcel Bertrand, propose d'attribuer toutes les Préalpes romandes à une vaste nappe de recouvrement, venue du sud. En 1895, c'est M. Maurice Lugeon qui, dans sa monographie des montagnes du Chablais, confirme par des observations nouvelles, développe et précise, par une discussion serrée, la théorie de M. Schardt. Désormais, c'est toute une école qui va croire au *charriage à de grandes distances* d'éléments importants de la chaîne alpine. En 1896, ce sont MM. Marcel Bertrand et Ritter qui montrent, sur le bord occidental du massif du Mont Blanc, l'existence d'un faisceau de plis aigus et serrés, ici presque verticaux, plus loin se déversant du côté de la France, plus loin encore *se couchant jusqu'au delà de l'horizontale et se transformant en des nappes empilées*. En 1898, c'est la découverte, capitale, par M. Franchi, de fossiles du Trias supérieur à la base du complexe des *schistes lustrés*, et, par là, la démonstration définitive de l'âge mésozoïque de la plus grande partie de ces schistes. En 1902, enfin, c'est M. Maurice Lugeon qui, dans une conférence faite à la Société géologique de France, étend à toutes les Alpes suisses la structure en *nappes empilées* constatée par lui dans le Chablais et dans les Préalpes. Désormais, la synthèse des Alpes suisses est faite. Et, comme elle s'arrange admirablement, cette synthèse, avec celle que, précisément à la même époque, nous voyons, mes collègues de France et moi, s'affirmer pour les Alpes franco-italiennes, il n'y a plus de question que dans les Alpes orientales et dans les prolongements lointains de la chaîne.

L'année 1903 sera, pour les Alpes comme pour les Carpathes, l'année décisive. Dès le printemps, l'école française, représentée par M. Maurice Lugeon, livre à l'école de Vienne une première bataille. Il s'agit des Carpathes. M. Lugeon montre combien la carte géologique et les coupes dressées par M. Uhlig deviennent plus claires, quand on y introduit l'hypothèse de la structure en nappes empilées. Au mois d'août, un congrès géologique international réunit, à Vienne, les géologues du monde entier. La bataille continue, et, des Carpathes, passe aux Alpes. Après le Congrès, et à la suite de l'excursion du Zillertal, je déclare à mon tour que les Alpes orientales, au nord d'une certaine ligne, sont formées, comme les Alpes suisses, de nappes empilées, et, en particulier, que les Alpes calcaires du nord, du Rhätikon à Vienne, sont un immense *lambeau de recouvrement*. On me traite de *géopoète* et de *géomystique* — ce qui n'est pas pour me déplaire beaucoup — ; on me traite aussi de farceur, ce qui est plus désagréable. Je donne mes arguments. L'année suivante, 1904, je retourne sur les lieux. J'insiste, et je persiste. Deux des maîtres les plus écoutés dans les pays de langue allemande se rallient nettement, en 1905, à la théorie des grandes nappes. A Vienne, l'orage s'apaise. On ne se rend pas encore, mais l'on cesse le combat. Dans le ciel, désormais serein, les Alpes montent, claires et lumineuses. Et maintenant, ce n'est plus vers les Alpes, c'est vers leur prolongement occidental, vers les Pyrénées, vers l'Espagne, que se tournent les yeux des tectoniciens.

*
* *

Le trait caractéristique de la tectonique alpine, c'est, à une certaine époque, et pendant un certain temps, qui paraît d'ailleurs avoir été court, *la production de grandes nappes*.

Qu'est-ce qu'une nappe ? Une nappe, Messieurs, c'est un paquet de terrains qui n'est pas à sa place, qui repose sur un substratum de hasard, sur un substratum qui n'est pas son substratum originel. Quand le paquet n'est pas très étendu, on peut l'appeler *lambeau de recouvrement*. On dit aussi *lambeau de charriage*. On dit encore *écaille*. Ces quatre expressions, *nappe*, *lambeau de recouvrement, lambeau de charriage, écaille*, sont, en somme, à peu près synonymes.

On peut concevoir deux modes de formation d'une nappe. La nappe peut être un pli, qui a commencé par être à peu près droit, qui s'est ensuite déversé sur un de ses flancs, puis s'est couché jusqu'à l'horizontale et même jusqu'au delà de l'horizontale, en s'allongeant de plus en plus, et en s'éloignant ainsi, de plus en plus, de la partie droite, que l'on appelle sa *racine*. La nappe peut être encore un fragment de l'écorce terrestre détaché de son substratum originel, et transporté, sans plissement sensible et par simple translation, sous un effort tangentiel, en glissant sur une *surface de friction* peu différente d'un plan tangent au sphéroïde.

L'existence, dans les Alpes, de *nappes du premier genre*, est absolument certaine. Les nappes du Mont-Joli, près du Mont Blanc, *sont des plis couchés superposés que l'on voit se rattacher à leurs racines*. De même les nappes des Préalpes romandes; de même toutes les nappes du Briançonnais, sauf peut-être la plus haute ; de même encore les nappes de l'Embrunais et de l'Ubaye, observées et décrites par MM. Kilian et Haug ; de même enfin plusieurs des nappes que j'ai moi-même signalées dans les Alpes orientales, les nappes du Brenner, par exemple, et les nappes de l'Ortler. Ces nappes sont fréquemment fragmentées par l'érosion, et réduites à l'état de lambeaux épars : mais l'on peut souvent reconstituer sans trop de peine, par la pensée, la nappe ancienne dont ces lambeaux sont les témoins ; et, en suivant cette nappe vers son pays d'origine, on la voit, presque toujours, se rattacher à un pli droit, ou faiblement déversé, qui est sa racine.

L'existence, dans les Alpes, de *nappes du second genre*, n'est pas encore démontrée. Jusqu'à nouvelle découverte, toutes les nappes des Alpes sont, ou certainement, ou probablement, des plis couchés ayant atteint ou dépassé l'horizontale.

Dans un pli qui se forme, les terrains se répètent, de part et d'autre du *plan axial*, et d'abord symétriquement, ou à peu près. Si A est l'étage le plus ancien, B, C, D, des étages de plus en plus récents, on a, dans un pli anticlinal, A au voisinage de l'axe du pli, et, à droite comme à gauche, la série B, C. D. Quand le

pli anticlinal se couche sur l'un de ses flancs, l'une de ces séries
B C D reste *normale*, c'est-à-dire que les couches plus récentes y
sont au-dessus des couches plus anciennes ; l'autre série devient
renversée, D étant au-dessous de C et C au-dessous de B. L'existence d'une série de couches renversées au-dessous de l'étage A,
c'est-à-dire au-dessous du terrain le plus ancien, apparaît donc,
de prime abord, comme caractéristique d'un pli anticlinal couché,
c'est-à-dire comme caractéristique d'une nappe du premier
genre : car il n'y a évidemment aucune raison pour que la base
d'une nappe du deuxième genre soit formée d'une semblable
série.

Mais, pratiquement, ce caractère manque presque toujours,
même dans les nappes du premier genre les plus authentiques.
La *série renversée* se supprime très vite par *étirement*, alors que,
dans la *série normale*, l'épaisseur des étages B, C, D, ne diminue
que beaucoup plus lentement. La dissymétrie des deux séries commence, le plus souvent, à apparaître, dès que le pli manifeste un
déversement notable. Quand le pli se couche, la série renversée
existe encore, mais très réduite. A une certaine distance de la
racine, il n'y a, le plus souvent, aucun témoin de la série renversée, et la nappe se compose d'une série de couches en superposition normale, dans laquelle on voit, peu à peu, l'épaisseur
des étages diminuer au fur et à mesure que l'on s'éloigne du
pays d'origine. Il faut donc se garder de conclure, de l'absence
de la série renversée, au deuxième mode de formation des
nappes.

Presque toujours, quand on observe une nappe, on découvre,
sous elle, d'autres nappes, plus ou moins nombreuses. C'est la
structure en *nappes empilées*, ou en *paquet de nappes*. Une
pareille structure a pour caractère la répétition, sur une même
verticale, d'une même série d'étages. Par exemple, en gravissant
une montagne, on rencontre trois fois la série A B C D, et l'on
voit, deux fois, un étage plus ancien A reposer sur D, le plus
jeune des étages de la série. C'est ainsi que, dans les montagnes
entre Briançon et Vallouise, on voit trois nappes superposées,
comprenant chacune la série Houiller-Trias-Jurassique-Eocène.
C'est pour de telles séries de couches en superposition normale,
ramenées les unes au-dessus des autres, que l'on a créé le nom

d'écailles, et cette structure en nappes empilées correspond exactement à ce que les géologues suisses ont décrit sous le nom de *Schuppenstruktur*.

Mais il va sans dire que, dans chaque nappe ou dans chaque *écaille*, l'étirement des divers étages est inégal, irrégulier et même tout à fait capricieux. Ici l'écaille A B C D sera complète, et le géologue inexpérimenté, trompé par la succession régulière des assises, croira voir des terrains *en place;* un peu plus loin, elle se réduira à A C D, ailleurs à A B D, ailleurs à B D, ailleurs à A D. Ces variations dans la composition de l'écaille sont extrêmement rapides. Dans le même escarpement qui tranche un paquet d'écailles, il est rare qu'il y ait deux ravins, deux couloirs, donnant exactement la même coupe. L'épaisseur de chaque écaille varie, par conséquent, très vite, et beaucoup, d'une verticale à une autre très rapprochée. Vous comprenez cela immédiatement, Messieurs, mais vous ne savez peut-être pas quel est l'ordre de grandeur de ces variations. Voici à cet égard quelques chiffres. Dans le Briançonnais, telle nappe, ou, si vous aimez mieux, telle écaille peut atteindre 1000 mètres d'épaisseur; tout près de là, à moins d'un kilomètre de distance, on la voit finir en coin et *s'écraser complètement* entre l'écaille de dessous et celle de dessus. Dans la région du Brenner, la nappe des Tribulaun se suit, sans aucun hiatus, de Steinach à Sterzing : sur ce parcours, d'une vingtaine de kilomètres, on voit l'épaisseur de la nappe varier de quelques mètres à plus de 2000 mètres. Dans les nappes de l'Ortler, un seul étage d'une seule écaille, le Trias, a 1600 mètres d'épaisseur dans les escarpements de l'Ortler lui-même : on le voit, ce Trias, se laminer peu à peu vers le nord-ouest, et s'écraser complètement au-dessus de Stilfs. Parfois, entre deux nappes superposées, s'intercale, localement, une lentille de terrains aberrants, qui ne se rattachent nettement ni à l'une, ni à l'autre de ces nappes : et c'est l'indice qu'il y a eu, jadis, plus près du pays d'origine, une nappe intermédiaire, dont cette lentille est un témoin. Parfois encore, c'est, dans la surface de séparation de deux nappes superposées, un lambeau de série renversée qui, tout à coup, apparaît. Le géologue qui erre au milieu des nappes doit s'attendre à tout; aucune rencontre ne doit le surprendre ; et, si fertile que soit son imagination, elle n'égalera jamais, en inventions singulières, les fantaisies de la nature.

On peut essayer de résumer cette description en une courte formule. Dans un *pays de nappes*, je veux dire dans un pays formé par un empilement de nappes, *l'allure lenticulaire est la règle*. Tel banc de micaschistes, ou de calcaire, que vous voyez naître entre deux autres bancs, aura bientôt plusieurs centaines de mètres, et, un peu plus loin, plus de 1000 mètres d'épaisseur. Tel massif montagneux, où les assises cristallines s'empilent les unes sur les autres et montrent une puissance totale de plusieurs milliers de mètres — le massif de l'Œtztal, par exemple —, correspond à la superposition des éléments cristallins de plusieurs nappes : les autres éléments, les étages calcaires, qui serviraient à subdiviser cette énorme masse, ont disparu par étirement, à peu près partout ; et on ne les retrouve plus que çà et là, sous forme de lentilles de marbre, interstratifiées, et que l'on est tenté de croire formées *sur place*, avec tout le reste.

Il résulte nécessairement de là, Messieurs, que, dans un pays de nappes, et même lorsque les nappes sont restées horizontales, la complication tectonique est extrême. Veuillez même remarquer que cette complication tectonique est un des caractères du pays de nappes. Mais ce n'est rien encore. La difficulté ne devient véritablement effrayante que lorsque le paquet de nappes a été plissé, postérieurement à sa formation. Aux caprices de la structure lenticulaire s'ajoutent alors les caprices du plissement des nappes : et sur tout cela, il y a les caprices de l'érosion. Heureusement — sans quoi ce serait inextricable —, le plissement des nappes, le plissement du deuxième degré, comme on pourrait dire, n'est généralement pas très intense. Dans la plupart des cas, les nappes sont simplement ondulées, et ces ondulations sont grossièrement parallèles à la direction des plis qui ont donné naissance aux nappes.

M. Lugeon a proposé le nom de *carapace* pour la surface extérieure d'une nappe ployée en dôme ou en verre de montre, lorsque cette surface ployée en dôme est dégagée par l'érosion. Rien n'est plus trompeur qu'un semblable dôme. En marchant sur les assises, horizontales ou faiblement inclinées qui le constituent, on a l'impression de fouler aux pieds un terrain *en place*. Comme ces assises plongent *périclinalement*, c'est-à-dire vers l'extérieur du dôme, on n'aperçoit nulle part leur substratum. Si les terrains sous lesquels la carapace s'enfonce sont plus jeunes que les assises extérieures de la carapace, l'illusion est entière ; si ces terrains sont plus anciens, on est tenté d'invoquer des recouvrements locaux. La seule démonstration péremptoire serait donnée par un sondage, qui, perçant la carapace, trouverait sous elle des couches plus jeunes : mais c'est là un procédé de démonstration que les géologues ont bien rarement l'occasion d'appliquer.

Il y a, dans les Alpes, d'admirables carapaces. Le massif des Hohe Tauern, par exemple, est une carapace longue de 160 kilomètres, faite de *schistes lustrés*, c'est-à-dire de calcschistes micacés, d'âge mésozoïque et peut-être, en partie, néozoïque. Tout autour du massif, les schistes s'enfoncent sous des terrains plus anciens, d'âge paléozoïque : et, entre eux et les terrains paléozoïques, il y a, presque partout, une intercalation, ou, comme nous disons, une *lame*, de Trias. Sous la carapace elle-même, là où l'érosion l'a déchirée, on retrouve du Trias, superposé à des gneiss et à des granites. Personne, jusqu'à la fin de 1903, n'a conçu le moindre doute sur le caractère *autochtone* des Hohe Tauern : c'était le type du *massif central*, du massif bien *en place*. Il est aujourd'hui certain que ce massif tout entier n'est qu'un paquet de nappes, ployé en dôme. A l'est des Hohe Tauern, dans les Niedere Tauern et dans les Alpes de Styrie, s'étend un immense pays de gneiss et de micaschistes : c'est une carapace encore, superposée à celle des Hohe Tauern.

Lorsque l'érosion déchire une nappe, elle peut, si la déchirure est suffisamment profonde, faire apparaître, au-dessous de cette nappe supérieure, d'autres nappes plus profondes. Eduard Suess a donné le nom de *fenêtre* à une semblable déchirure. Le cas le plus simple est celui d'une ouverture, ovale ou circulaire, crevant des couches horizontales ou faiblement inclinées, et laissant affleurer dans son intérieur, non pas des couches plus anciennes, comme il semblait autrefois naturel, *mais des couches plus jeunes*. Par exemple, dans le Briançonnais, un trou dans le Houiller laisse, sous ce Houiller, voir de l'Eocène, ou du Jurassique supérieur. Il n'y a pas de preuve plus convaincante de la structure en nappes empilées.

Mais l'on connaît de plus vastes *fenêtres*. La *fenêtre* de la Basse-Engadine n'a pas moins de 55 kilomètres de longueur. Sa plus grande largeur est de 18 kilomètres. C'est une déchirure de forme elliptique, crevant un système de nappes empilées ployé en dôme. Le fond est formé de *schistes lustrés*, mésozoïques ou néozoïques. Dans les parois, on voit affleurer deux nappes au moins, formées l'une et l'autre de gneiss et de Trias. C'est le plus bel exemple qu'on puisse citer. Il y a cependant des *fenêtres* encore beaucoup plus grandes. Si l'on veut, toute la zone centrale des Alpes orientales, entre la chaîne calcaire du nord et le pays de racines, situé au sud, d'où viennent les nappes calcaires, toute cette zone, dis-je, est une *fenêtre*, puisque, dans toute son étendue, les nappes supérieures sont déchirées, et enlevées par l'érosion. Or, cette fenêtre a jusqu'à 100 kilomètres de largeur, et sa longueur est de 450 kilomètres.

Je suis conduit par ces exemples à vous parler de l'ampleur du phénomène de production des nappes, ou, comme on dit souvent, de l'amplitude des charriages. La question n'a de sens que là où l'on peut, avec certitude, rattacher une nappe à sa racine. Mais plus la nappe est éloignée de son pays d'origine, et plus ce rattachement devient difficile et hypothétique. Et, par conséquent, les seuls charriages dont on connaisse bien l'amplitude sont les petits charriages, ceux qui ne dépassent guère une vingtaine de kilomètres.

Pour les vastes charriages, on peut, tout au moins, se rendre compte de l'ordre des grandeurs. Entre la nappe la plus haute des Alpes calcaires du nord, dans les Alpes orientales, et la plus méridionale des racines visibles, la distance, normalement aux plis, dépasse 100 kilomètres. Si l'on tient compte de la largeur des Alpes calcaires du nord, et si l'on étale, par la pensée, les nappes, là où elles sont ondulées et plissées, on arrive à cette conséquence qu'un pli des Alpes orientales, une fois couché, a pu cheminer jusqu'à 150 ou 180 kilomètres de sa racine. Je ne parle que des Alpes, parce qu'il n'y a guère que les Alpes qui soient aujourd'hui assez bien connues pour que l'on y puisse mesurer la grandeur des phénomènes : mais si les dernières théories de M. Limanowski sur les Carpathes se confirmaient, ce serait, dans les Carpathes, par centaines de kilomètres qu'il faudrait mesurer le cheminement des nappes supérieures.

Quant à l'épaisseur des masses ainsi transportées, elle est formidable. Les montagnes calcaires au sud de Salzbourg atteignent l'altitude de 3.000 mètres; elles semblent infiniment solides et stables : elles viennent d'ailleurs, cependant, et d'un pays relativement lointain, situé à plus de 100 kilomètres au sud. Le massif de l'Œtztal s'élève jusqu'à plus de 3.700 mètres; ses glaciers sont parmi les plus étendus et les plus beaux des Alpes; on peut s'y promener des jours et des jours; ses rochers paraissent enracinés bien avant dans l'écorce terrestre. Illusion encore : le massif de l'Œtztal n'est point *en place*. Il vient d'ailleurs. Le Grand-Paradis, le Mont-Rose, le Cervin sont des cimes bien hautes, et dont on a toujours cru, jusqu'ici, les fondations inébranlables. Illusion toujours : leurs énormes masses ne sont point *en place*; ce sont des nappes sur des nappes, comme MM. Lugeon et Argand nous l'ont appris il y a quelques mois.

C'est précisément, Messieurs, l'ampleur de ces phénomènes qui les a, pendant si longtemps, rendus, d'abord inobservables, et ensuite invraisemblables et inadmissibles. Ils ne sont pas à notre échelle. On ne les a compris que peu à peu, en commençant par les plus restreints. Marcel Bertrand a eu, pour faire admettre des charriages de quelques kilomètres, les mêmes difficultés que nous avons rencontrées, M. Lugeon et moi, pour introduire, dans la Science, des charriages de 100 kilomètres. Aujourd'hui cela semble simple; et l'on s'habitue assez vite à cette conception des grands déplacements horizontaux. Le danger est, naturellement, de s'y habituer trop, et de charrier les montagnes à tort et à travers.

Laissez-moi, pendant que je traite de généralités, vous mettre en garde contre une illusion très commune. Quand on étudie un pays de nappes, on croit volontiers que l'on peut, très aisément, découvrir le sens du cheminement des nappes et dire d'où elles viennent. En réalité, c'est, le plus souvent, très difficile. Le plongement des couches n'indique rien, puisque les nappes peuvent être, et sont très fréquemment, plongeantes. Les *charnières* que l'on observe, çà et là, dans les reploiements des assises, n'indiquent rien non plus, du moins habituellement : car ces reploiements sont postérieurs, pour la plupart, au cheminement des nappes. L'observation des *charnières* originelles, celles qui terminent le pli, anticlinal ou synclinal, transformé en nappe, serait décisive : mais ces charnières sont rares. Leur conservation suppose en effet que la nappe ne soit pas trop écrasée sous le poids des nappes plus hautes. Or, la plupart des nappes sont très écrasées ; et celles que nous appelons les plus hautes en avaient d'autres, jadis, au-dessus d'elles. A défaut de telles charnières, le seul moyen de savoir d'où vient une nappe, c'est de trouver sa racine : mais puisque les nappes peuvent être plongeantes, et puisqu'elles sont très souvent plissées, il y a des *racines apparentes* qui ne sont pas de *vraies racines*. Et vous voyez donc toute la difficulté du problème.

C'est ainsi que, au sujet des Pyrénées, où plusieurs géologues ont récemment découvert l'existence de nappes, les uns disent qu'elles viennent du sud, les autres qu'elles viennent du nord ; d'autres encore, qu'il y a eu deux sortes de nappes, des nappes à cheminement sud, et des nappes à cheminement nord. Pour mon compte, je crois que les Pyrénées ne sont pas *en place*, et qu'elles ne sont que des nappes sur nappes, comme les Carpathes : et j'ai, pour des raisons d'ordre général, le sentiment que tout cela vient du sud. Mais je ne pense pas que cette question du sens du cheminement des nappes pyrénéennes puisse être résolue dans les Pyrénées elles-mêmes.

Vous voici maintenant suffisamment renseignés, Messieurs, sur la nature des nappes et sur les caractères d'un pays de nappes. Sans doute, nous avons bien de la peine à comprendre la raison première, et même le processus, de semblables phénomènes ; mais l'existence de ces phénomènes n'est plus douteuse. Nous essayerons de voir, tout à l'heure, à quelle époque et de quelle manière ils se sont déroulés dans les Alpes. Il faut auparavant que je vous fasse connaître les quelques traits de la stratigraphie alpine où se révèle, d'un bout à l'autre de la chaîne, une constance particulière, une sorte de permanence, *annonciatrice*, comme je le disais en commençant, d'une identique orogénie.

* *

Il y a, Messieurs, dans la chaîne des Alpes, une zone *axiale*, que j'ai appelée, en 1904, la *zone des séries compréhensives*, ou la *zone des schistes lustrés*. J'ai observé cette zone dans la Sierra-Nevada. On la retrouve, comme M. Haug l'a fait remarquer, sur le versant oriental de la Corse. On la suit, en Europe, sans aucune discontinuité, de Gênes au Rhin; dans les Alpes franco-italiennes, elle s'étend en France et en Italie, mais plus largement en Italie qu'en France. Arrivée au Rhin, dans le Prättigau, cette zone se cache comme sous un tunnel : et ce tunnel, qui la dissimule aux regards, est formé par un paquet de nappes jeté sur elle. Elle se poursuit néanmoins dans l'intérieur de ce tunnel : car on la voit reparaître au fond de deux vastes déchirures, de deux immenses *fenêtres*, qui crèvent le paquet de nappes, la *fenêtre* de la Basse-Engadine, longue de 55 kilomètres, et, 60 kilomètres plus loin, la *fenêtre* des Hohe Tauern, longue de 160 kilomètres. A l'est des Hohe Tauern, la zone en question plonge dans un nouveau tunnel, et ne reparaît plus. Jusqu'où va-t-elle ? On l'ignore. Diverses raisons me font croire qu'elle se prolonge, tout au moins, jusqu'au Semmring, c'est-à-dire jusqu'au bord de l'effondrement qui limite, à l'est, les Alpes orientales. Somme toute, elle semble être continue sur une longueur de 2.000 kilomètres.

Dans toute cette zone axiale de la chaîne des Alpes, les faciès ont des caractères constants, et, de plus, il y a concordance absolue de tous les étages. Le Trias y existe ou y a existé partout; et il est composé de quartzites et de calcaires, auxquels s'associent fréquemment des gypses, des dolomies, des marbres phylliteux, des schistes luisants. Ce Trias est toujours métamorphique ; mais il l'est inégalement, tantôt beaucoup, tantôt incomplètement. Sauf cette inégalité du métamorphisme, il a partout même faciès. Sous ce Trias, il n'y a que des terrains cristallophylliens, ou des granites; et ces terrains cristallophylliens sont, dans leur partie haute, du Permien ou du Houiller métamorphique. Ils sont concordants avec le Trias. Sous eux, il n'y a pas de discordance. Ils représentent donc une *série cristallo-*

phyllienne compréhensive, je veux dire une série qui embrasse sous un faciès cristallin uniforme une longue suite d'étages, suite dont le terme supérieur est du Permien ou du Houiller, et dont les termes les plus profonds, *transformés en granite,* sont d'âge à tout jamais inconnu. Sur le Trias, et concordants avec lui, il y a les *schistes lustrés.* Ces *schistes lustrés* sont des calcschistes micacés, très métamorphiques, qui contiennent de nombreux amas de *roches vertes.* Ils sont, à mes yeux, une deuxième série *compréhensive,* épaisse de plusieurs milliers de mètres, et embrassant, sous un faciès uniforme, tous les étages depuis le Trias supérieur, inclusivement, jusqu'à et y compris la base de l'Eocène. Les *schistes lustrés* sont, je le répète, concordants sur le Trias. Ils ne renferment dans leur sein aucune discordance.

Ainsi, concordance absolue depuis le Paléozoïque (tout au moins depuis le Houiller inclusivement) jusqu'à l'Eocène ; métamorphisme intense dans toutes les assises, un peu moins intense cependant, ou plutôt inégalement intense au niveau du Trias ; permanence, tout le long de la chaîne, des faciès du Permo-Houiller métamorphique, du Trias plus ou moins cristallin, et des *schistes lustrés,* qui sont surtout mésozoïques et, pour une faible part, néozoïques : tels sont les caractères de la zone axiale des Alpes.

De part et d'autre de cette zone axiale, s'étendent des zones où les terrains cristallins sont nettement antérieurs au Houiller ; où le Houiller et le Permien ne sont pas, ou presque pas, métamorphiques ; où les terrains mésozoïques et les terrains éogènes, libres aussi de tout métamorphisme, se différencient nettement, soit d'un étage à l'autre, soit, pour un étage donné, d'une région à l'autre ; des zones, enfin, où l'on observe mainte discordance de stratification et mainte lacune stratigraphique. Seul, le Trias y a encore dans son ensemble, mais avec une bien moindre cristallinité, le faciès qu'il possède dans la zone axiale.

J'appelle particulièrement votre attention, Messieurs, sur cette zone axiale des Alpes, si remarquable par la permanence de ses caractères, si remarquable par l'étonnante concordance de toutes les assises et par l'intensité du métamorphisme. Elle constitue, cette zone, un des traits essentiels de la chaîne alpine.

Veuillez observer que le métamorphisme des assises y est de

date récente, puisque le sommet de la série des *schistes lustrés*
appartient très probablement à l'Eocène. Ce métamorphisme
récent, qui affecte une bande parallèle à la chaîne et qui précède
de peu le phénomène de plissement, *est donc lié à l'orogénie des
Alpes*. C'est là une remarque d'importance capitale, et pour
l'histoire des Alpes, et pour la science même du métamorphisme.

*
* *

Venons donc à une esquisse de l'histoire des Alpes, et tout
d'abord, jetant les yeux sur une carte géologique de la chaîne,
cherchons à distinguer ce qui est *pays de nappes*, et ce qui est
pays de racines. Au lieu de *pays de racines*, on pourrait dire
tout aussi bien *pays de plis*, ou encore, avec M. Lugeon, *pays
autochtone*.

La Suisse, presque tout entière, est pays de nappes. Aux
environs d'Interlaken, M. H. Douvillé a montré l'existence de
trois nappes superposées. M. Maurice Lugeon compte trois nappes
empilées, par le travers des Hautes-Alpes bernoises et des
Préalpes. Dans les Alpes Pennines, entre la Dent-Blanche et les
massifs tessinois, MM. Lugeon et Argand ont décrit sept nappes
empilées. Il n'y a d'*autochtone*, en Suisse, que le bord nord des
Alpes : encore n'est-il pas partout autochtone. Toutes les nappes
suisses actuellement connues sont des plis couchés, *venus du
sud*. Les nappes les plus hautes sont, naturellement, celles qui
viennent de la région la plus méridionale. Mais, comme les derniers massifs piémontais et tessinois, sur le bord même de la
plaine italienne, sont encore formés de nappes, nous sommes
obligés d'admettre que la zone des racines des nappes les plus
hautes se cache actuellement sous la plaine. Cette zone des racines
est effondrée et invisible.

En France, le bord occidental des Alpes est pays autochtone.
Mais, dès que l'on pénètre dans la haute chaîne, on voit les plis
former une série isoclinale, très serrée, déversée sur la France.
Ces plis sont les racines d'anciennes nappes, que l'érosion a
entièrement détruites. A l'est de cette région isoclinale, qui
comprend les massifs du Mercantourn, du Pelvoux, du Mont-
Blanc, on se trouve dans un pays de nappes venues de l'est :

c'est le Briançonnais, par exemple, ou l'Embrunais, ou la région de l'Ubaye. Plus à l'est encore, on atteint la frontière italienne. J'ai cru, jusqu'à la publication des dernières notes de MM. Lugeon et Argand, que les Alpes piémontaises, au sud de la Doire Baltée, étaient autochtones, les nappes, qui les ont certainement recouvertes, ayant été enlevées par l'érosion. Je crois bien, aujourd'hui, que toutes les Alpes piémontaises sont, actuellement encore, pays de nappes ; et que les racines de ces nappes sont cachées sous les plaines.

Dans les Alpes orientales, les phénomènes sont un peu plus clairs, parce que la zone des racines y est visible sur de vastes étendues. C'est une bande de plis verticaux, ou quasi verticaux, très serrés, que l'on suit, sur 400 kilomètres de longueur, depuis la Valteline jusqu'au bord de la grande plaine de la Drave. Au nord de cette bande, on voit les plis se coucher *vers le nord*, jusqu'à dépasser l'horizontale, et devenir ainsi des nappes. L'axe de *cette voûte de plis couchés* sépare le pays de nappes du pays de plis. Au nord, il n'y a que des nappes : et c'est l'Ortler, c'est l'Engadine, c'est l'Œtztal, c'est toute la chaîne calcaire du nord, large de 30 kilomètres, longue de 450 kilomètres.

Mais les Alpes orientales qui nous laissent voir, de la sorte, les racines des nappes, nous laissent voir autre chose : elles nous laissent voir *ce qu'il y a au sud de la zone des racines*, et ceci est d'un intérêt capital.

Au sud de la zone des racines, s'étend un pays qui est encore un pays de montagnes, et que les géographes comprennent encore dans les Alpes, *mais qui*, pour les géologues, *diffère profondément du pays alpin*. La tectonique y est tout autre ; les granites y sont tout autres ; les faciès du Permien et du Mésozoïque n'y ressemblent point à ceux que l'on connaît dans les Alpes. Ces montagnes spéciales, ce sont les Dinarides d'Eduard Suess.

On passe brusquement des Alpes aux Dinarides, et brusquement, comme si l'on venait de franchir une frontière géologique, tout change. Des plateaux faillés, où les plis sont rares, remplacent les plis serrés du pays alpin. Quand on étudie cette frontière, on s'aperçoit qu'elle est formée par une faille, je veux dire par une surface de friction, ou de charriage, plane sur de vastes espaces. L'affleurement de cette surface de charriage est actuel-

lement connu depuis le col d'Aprica, près de la Valteline, jusqu'à Ober-Dollitsch en Styrie, soit sur une longueur de près de
400 kilomètres. A l'est d'Ober-Dollitsch, il se cache sous les
plaines; à l'ouest de la Valteline, il n'a pas encore été suivi. Cet
affleurement a été nommé par moi *bord alpino-dinarique*.

Le pays dinarique, je veux dire le pays des Dinarides, comprend, non seulement la région montagneuse qui avoisine, au
sud, la faille en question, mais encore les montagnes du Trentin,
de la Vénétie et de l'Illyrie, et, je crois bien aussi, tout l'Apennin.
L'Adriatique est un gouffre, ouvert, par effondrement, en plein
pays dinarique. Tout autour de l'Adriatique, les Dinarides sont
plissées parallèlement au rivage le plus voisin, et leurs plis ten-
dent à se coucher vers ce rivage.

Puisque les Alpes et les Dinarides sont partout séparées par
une surface de charriage, c'est qu'elles se sont déplacées, les
unes par rapport aux autres, en glissant sur cette surface. Nous
ne pouvons, naturellement, parler que de déplacement relatif.
Le sens de ce déplacement est celui-ci : les Dinarides se sont
avancées, vers le nord, *par dessus les Alpes*.

Rappelez-vous maintenant, Messieurs, l'allure générale des
Alpes : des plis, incroyablement serrés et multipliés, *couchés au
nord ou à l'ouest*, et transformés en nappes qui, s'empilant les
unes sur les autres, s'écrasant et se laminant, semblent fuir vers
le nord ou vers l'ouest. Ces nappes, qui fuient ainsi, je ne sau-
rais mieux les comparer qu'aux fumées d'un pays industriel,
par un jour de grand vent : à peine ces fumées se sont-elles
élevées dans l'air, que l'orage les emporte ; et on les voit fuir,
toutes dans le même sens, en traînées horizontales superposées,
de plus en plus ténues, de moins en moins distinctes, de plus
en plus fragmentées et dispersées.

Comment expliquer une pareille allure? On comprend aisément
que, par le resserrement d'un synclinal, des plis se forment, et
même qu'ils se déversent. Mais cette fuite éperdue des plis,
jusqu'à 100 et 150 kilomètres de distance et peut-être davantage;
ce laminage extrême, dont je vous ai donné quelques exemples :
comment s'en rendre compte, autrement que par le déplacement,
sur le pays plissé, d'une masse écrasante qui couche, entraîne et
lamine les plis, comme le vent fait les fumées des usines?

Cette masse écrasante, ce *traîneau écraseur*, comme je l'ai appelée, ce sont les Dinarides, c'est le pays dinarique tout entier. Le pays dinarique a été traîné, du sud vers le nord, ou du sud-est vers le nord-ouest, *sur* le pays alpin ; et, dans cette translation, sous son poids formidable, il a transformé les plis des Alpes en nappes à long cheminement.

Mais alors, me direz-vous, on devrait trouver, flottant encore sur le pays alpin, des lambeaux de terrains dinariques. Ce serait là, en effet, une confirmation péremptoire de ma théorie, et l'hypothèse du traîneau écraseur ne serait plus, dès lors, une hypothèse. Jusqu'ici — il ne faut pas oublier qu'il n'y a pas bien longtemps que l'on cherche, et ces idées ne sont vieilles que de trois ans —, jusqu'ici, l'on n'a rien trouvé, ou rien de bien net. M. Limanowski, dans une étude d'ensemble, extrêmement hardie, sur les Carpathes et la région des Klippes, attribue une origine dinarique à la nappe la plus élevée de ce colossal paquet de nappes ; MM. Haug et Lugeon ont signalé les affinités dinariques des faciès du Mésozoïque dans la nappe la plus haute du Salzkammergut. C'est déjà quelque chose. Attendons encore ; et je ne doute guère que l'avenir ne me donne satisfaction. Veuillez remarquer, cependant, que l'érosion a déjà fortement entamé les Alpes elles-mêmes ; que, sur d'immences espaces, les nappes les plus hautes ont été enlevées ; et qu'ainsi les lambeaux dinariques, s'il en reste, ne peuvent être que très rares et très petits.

Il va de soi que le pays alpin se prolonge *sous les Dinarides*. Les racines que nous voyons, aujourd'hui, dans les Alpes orientales, entre le bord alpino-dinarique et le commencement du pays de nappes, ne sont pas les plus méridionales de toutes. Les plus méridionales de toutes sont cachées par les Dinarides. Le pays dinarique actuel est effondré, par rapport au pays alpin : et il s'est abaissé, en glissant sur l'ancienne surface de charriage, sur la faille alpino-dinarique elle-même, transformée momentanément en faille d'affaissement.

Tout s'explique ainsi : et le brusque changement des faciès quand on traverse le bord alpino-dinarique ; et l'étonnant contraste des structures des deux pays. La translation dinarique s'est produite d'un mouvement d'ensemble, avant tout plissement des terrains ainsi transportés. Les lambeaux dinariques, quand on en trouvera, offriront le type parfait de ce que j'ai appelé une nappe du second genre. Le plissement des Dinarides est postérieur à leur translation. Peut-être est-il lié, ce plissement, à la brusque ouverture du gouffre adriatique ; et peut-être les plis dinariques, et les plis de l'Apennin oriental, qui sont couchés vers ce gouffre sont-ils dus, simplement, à la *poussée au vide*. Mais il reste encore là beaucoup de mystère, et nous sommes loin de connaître les Dinarides comme nous connaissons les Alpes.

Pour les Alpes, Messieurs, voici quelle a été, quelle semble avoir été, la succession des phénoménes.

Tout d'abord, un vaste géosynclinal s'est formé, *il y a très longtemps*, sur l'emplacement qu'occupait, avant le refoulement général vers le nord, la zone axiale de la chaîne. *Ce géosynclinal existait déjà à l'époque houillère*, et, chose très extraordinaire, et dont cependant personne ne parle, il n'a pas été bouleversé par la formation de la chaîne houillère, de la chaîne *hercynienne*. Quand se formait la chaîne hercynienne, une zone demeurait tranquille, comme intangible, à travers le pays plissé : et dans cette zone se préparaient les Alpes.

La zone en question est demeurée tranquille encore pendant le Trias ; mais elle a momentanément perdu, à cette époque, la condition géosynclinale, puisque le Trias inférieur et le Trias moyen, d'un bout à l'autre de la zone, ont des faciès de mer peu profonde, ou même des faciès lagunaires. La condition géosynclinale a reparu vers la fin du Trias, et elle a régné, sans aucune discontinuité, jusqu'aux débuts de l'Eocène : à cette longue série de siècles correspond le dépôt des sédiments vaseux et calcaires qui sont devenus les *schistes lustrés*.

Les limites nord et sud du géosynclinal ont, naturellement, varié suivant les époques. En dehors de ce grand géosynclinal, il y a eu, dans le pays où se préparaient les Alpes, d'autres géosynclinaux, parallèles au premier, *mais moins vastes et de durée moins longue*. Tel le géosynclinal du Lias dauphinois, dont M. Haug a signalé la grande importance. Mais, dans ce géosynclinal du Lias dauphinois, il n'y a aucun métamorphisme. Le géosynclinal principal, celui des *schistes lustrés*, est, au contraire, *caractérisé par un métamorphisme extrême*, envahissant tous les terrains, depuis les plus profonds, qui passent au granite, jusqu'aux plus élevés, qui sont à l'état de calcschistes micacés.

Avant les temps oligocènes, les mouvements orogéniques, dans les Alpes, ont été de faible amplitude, et n'ont guère consisté que dans le déplacement des bords du géosynclinal principal, et la formation, le morcellement ou la suppression des géosynclinaux accessoires.

Pendant les temps oligocènes, le pays alpin se resserre graduellement, comme s'il était refoulé contre les anciens massifs du nord et de l'ouest. De partout, les plis y naissent, de plus en plus nombreux et de plus en plus serrés. La zone axiale ellemême se plisse, et il n'y a plus, nulle part, de condition géosynclinale.

Enfin, *brusquement*, et comme par une soudaine rupture d'équilibre, une cassure se produit, par suite de la véhémence de l'effort tangentiel, dans la région méridionale du pays refoulé. Sur cette cassure, qui est sans doute elle-même voisine d'un plan tangent au sphéroïde terrestre, il y a déplacement relatif du pays situé au sud, et non plissé encore, et du pays déjà plissé qui se trouve au nord. Le premier est poussé sur le second. Cette translation est d'ailleurs très inégale. Ici, elle dépasse 100 et peut-être même 200 kilomètres, et c'est le cas des Alpes orientales et des Carpathes ; ailleurs elle est bien moindre, et sa composante suivant la direction des plis alpins n'est que de quelques kilomètres, et tel semble avoir été le cas des Alpes franco-italiennes au sud de la Doire Ripaire.

Les nappes sont formées. Elles sont cachées à une grande profondeur sous le *traîneau* dinarique. Le plan de charriage, à la base de ce traîneau, est sans doute très voisin du niveau de la mer.

Les déplacements tangentiels s'arrêtent, et alors commencent les déplacements verticaux. Peu à peu, le pays se relève ; et comme la vitesse d'ascension est supérieure à la vitesse de destruction, ou d'érosion, il se constitue à l'état de montagnes. Au fur et à mesure que le pays monte, les lambeaux dinariques, d'abord, les nappes, ensuite, sont entamés, fragmentés, dissous, détruits. L'ascension est d'ailleurs inégale. Elle est très rapide en France : et c'est pour cela qu'il y reste aujourd'hui peu de nappes ; elle est très lente en Autriche, et c'est pourquoi les nappes y sont si bien conservées. Il y a même des régions de la chaîne où l'ascension est nulle, ou qui sont effondrées, et qui restent sous la mer : et ce sont les Alpes cachées sous les eaux de la Méditerranée, ou les Alpes cachées sous la plaine hongroise. Ces divers mouvements dans le sens vertical sont à peu près terminés dès avant la fin du Miocène.

*
* *

Telle est, Messieurs, l'esquisse que l'on peut aujourd'hui tracer de l'histoire des Alpes. Tous les problèmes ne sont pas résolus, tant s'en faut; mais ce que nous savons est déjà bien intéressant.

Convient-il de généraliser, et d'attribuer une histoire analogue aux vieilles chaînes? Je ne crois pas que nous en ayons encore le droit. Ce que l'on peut dire, c'est que, de plus en plus, dans les vieilles chaînes, le phénomène de la production de grandes nappes paraît avoir été, sinon général, du moins très fréquent. Il y a des exemples que vous connaissez tous : celui de la chaîne houillère franco-belge, celui de la chaîne scandinave, celui de la chaîne des Highlands. En voici un autre, inédit encore, et fort curieux.

On a cru jusqu'à ces dernières années que le terrain houiller de Saint-Etienne reposait sur des micaschistes. M. Georges Friedel a montré que, non pas partout, mais très souvent, et sur de vastes espaces, quelque chose s'intercale entre la brèche de base du Houiller et les micaschistes. Ce quelque chose, c'est une roche étrange, que M. Friedel a d'abord décrite comme une sorte d'arkose en voie de granitisation. Nous avons repris récemment cette étude ensemble, et nous savons maintenant que la roche en question est un *granite laminé et écrasé. Sous le Houiller de Saint-Etienne, il y a une lame, une nappe, de granite écrasé.* Dans cette nappe, on trouve des amas lenticulaires de micaschistes et de gneiss. Tout cela a été apporté avant le dépôt du Houiller ; car on retrouve les mêmes roches, avec leurs mêmes caractères d'écrasement, dans les conglomérats de la base de ce terrain. Des lambeaux fort étendus de la même nappe traînent, çà et là, en dehors de la région houillère, sur le granite *en place*, ou sur les gneiss *en place*. Tout indique la production, avant l'époque stéphanienne, de vastes nappes de terrains granitiques et cristallophylliens, *venues on ne sait d'où*. On sait seulement que le granite laminé qui constitue cës nappes est fort différent des granites *en place* que l'on connaît, un peu partout, dans le Massif central français ; ses analogies sont avec les granites anciens des Alpes occidentales, le granite du Pelvoux, par exemple, ou celui du Mont-Blanc.

*
* *

En terminant ma conférence, Messieurs, je n'oublierai pas qu'il y a parmi vous beaucoup d'ingénieurs et d'apprentis-ingénieurs, et que c'est une raison de tirer, de cette étude de géologie spéculative, des conclusions pratiques.

Je crois tout d'abord qu'il faut se méfier beaucoup des cartes — elles sont aujourd'hui très à la mode — où sont représentées les anciennes mers mésozoïques, ou même paléozoïques. Ces cartes peuvent être exactes pour les régions qui, depuis l'époque à laquelle elles s'appliquent, sont demeurées à peu près tranquilles. Mais pour les régions qui ont été, postérieurement, façonnées en montagnes, cela n'a plus aucun sens. Essayez, maintenant que vous savez ce que sont les Alpes, quel métamorphisme y a pris naissance, quels déplacements horizontaux s'y sont produits, quelle a été la fragmentation des terrains entraînée par le laminage des nappes, essayez, dis-je, de vous représenter la région alpine à une époque quelconque des temps mésozoïques, ou même à une époque quelconque des temps éogènes. Vous verrez que c'est à peu près impossible. Tenter la même chose pour une époque des temps paléozoïques vous paraîtra alors une pure folie. En fait, on ne l'a pas tenté pour les Alpes ; mais on le tente très fréquemment pour d'autres régions de l'Europe, et qui sont cependant traversées par de vieilles chaînes.

Ce que je dis des essais de cartes peut se dire aussi des esquisses sur la répartition des faciès, et sur l'extension des transgressions ou des lacunes. Ces esquisses, très intéressantes pour les régions paisibles, comme le bassin de Paris, n'ont plus de sens, ou doivent tout au moins être tenues pour suspectes, dès qu'elles s'appliquent à une région plissée.

Autre conclusion pratique : se méfier des régions d'apparence tranquille. Il n'est souvent pire eau que l'eau qui dort. La Provence était autrefois réputée un pays de géologie très simple : vous savez ce qui en est aujourd'hui. Tranquille aussi, en apparence, la Cordillère cantabrique : et c'est un pays de nappes. Tranquille encore, le bord oriental du Massif central français : et c'était, au début du Stéphanien, un pays de nappes aussi. Pour mon compte, je me méfie beaucoup de l'apparente simplicité de la géologie tunisienne, de même que mon jeune ami M. Paul Lemoine déclare se méfier de la prétendue simplicité de l'Atlas marocain. Quoi de plus simple, en apparence, que le pays de Gratz, en Styrie, ou encore que le dôme du Grand-Paradis, ou encore que le massif carpathique du Tatra ? et ce sont trois *carapaces*, sous lesquelles se cachent Dieu sait quels terrains.

Il y a quelques années, Messieurs, et vous vous le rappelez très bien, on a fait un grand nombre de sondages dans le Calaisis, à la recherche du prolongement, en France, du terrain houiller reconnu à Douvres. Tous ces sondages ont rencontré rapidement des assises antérieures au Houiller, et on les a tout aussitôt abandonnés. Et cependant, ces assises offraient, dans quelques sondages, des faciès un peu singuliers, ou même des faciès tout à fait inconnus. Un si rapide abandon des recherches, en pleine zone de plissements et de nappes, en pleine région montagneuse, m'a toujours paru prématuré. Il eût fallu, suivant moi, *et quels que fussent les terrains traversés*, aller jusqu'à la profondeur où l'exploitation de la houille cesse d'être possible, et tout au moins jusqu'à 1000 mètres.

*
* *

Vous me pardonnerez, Messieurs, de finir sur ces conseils de scepticisme et de méfiance. Ce n'est point ma manière habituelle. Pour revenir à ma manière, et pour justifier le brevet de géo-mysticisme que l'on m'a décerné à Vienne, laissez-moi vous ramener, une fois encore, à la contemplation des phénomènes grandioses dont les Alpes sont le résidu. Les Livres-Saints, qui ont dit tant de choses, et où les savants trouveraient, s'ils les voulaient lire, tant et de si secourables clartés, les Livres-Saints parlent beaucoup des montagnes. Avez-vous remarqué qu'ils en parlent souvent comme de quelque chose d'extrêmement mobile, comme de quelque chose qui peut couler à la façon de la cire, bondir à la façon des agneaux, courir vers la mer et s'y précipiter ? Ils en parlent encore comme de manifestations particulièrement éclatantes de la puissance et de la gloire du Créateur, comme de merveilles particulièrement admirables ; ils en parlent enfin — et je ne citerai pas le passage, que vous avez tous sur les lèvres — comme du séjour de la Force, d'où Elle descendra, pour nous venir en aide, si nous l'implorons seulement du regard. Ce pouvoir mystérieux des montagnes a trouvé, récemment, un symbole inattendu dans l'utilisation, par l'homme, de l'énergie accumulée au sein des glaciers et des champs de neige. Je ne crois pas trahir le texte sacré du Psaume en lui donnant une autre application symbolique : à savoir, qu'il faut regarder vers les montagnes pour saisir les secrets de l'histoire de la Terre, et qu'il n'y a presque pas de problème de géologie générale qui se puisse résoudre sans l'étude attentive des régions plissées. Si j'avais pu, Messieurs, vous convaincre définitivement de cette importance extrême, en Géologie, de la connaissance des Alpes et des autres chaînes, je n'aurais, je crois bien, perdu, ce soir, ni mon temps, ni le vôtre.

ÉVREUX, IMPRIMERIE CH. HÉRISSEY, PAUL HÉRISSEY, SUCC^r